Veröffentlichungen des Verbandes Deutscher Elektrotechniker.

Normalien, Vorschriften und Leitsätze
des Verbandes Deutscher Elektrotechniker.

Herausgegeben von

Georg Dettmar,
Generalsekretär.

Achte Auflage.

Mit Berücksichtigung der Beschlüsse bis zur Jahresversammlung 1913.

In Leinwand gebunden Preis M. 4,—.

Hieraus erschienen folgende Sonderausgaben:

Vorschriften für die Errichtung elektrischer Starkstromanlagen nebst Ausführungsregeln.

Vorschriften für den Betrieb elektrischer Starkstromanlagen nebst Ausführungsregeln.

Anleitung zur ersten Hilfeleistung bei Unfällen im elektrischen Betriebe.

Ausgabe Januar 1910.

In einem Bande. **Taschenausgabe** (kartoniert):
Preis 80 Pf.; 10 Expl. M. 7,50; 25 Expl. M. 17,—; 100 Expl. M. 60,—.

Dasselbe. **Ausgabe für Bergwerke.**

Ausgabe Januar 1911.

In einem Bande. **Taschenausgabe** (kartoniert):
Preis M. 1,—; 10 Expl. M. 9,50; 25 Expl. M. 22,—; 100 Expl. M. 75,—.

Vorschriften für den Betrieb elektrischer Starkstromanlagen nebst Ausführungsregeln (Betriebsvorschriften).

Ausgabe Januar 1910.

Vollständige **Plakatausgabe** auf festem Kartonpapier:
10 Expl. M. 3,—; 25 Expl. M. 6,—. (In Rolle.)

Weniger als 10 Exemplare werden nicht abgegeben.

Anleitung zur ersten Hilfeleistung bei Unfällen im elektrischen Betriebe.

Taschenformat (geheftet): 10 Expl. 60 Pf.; 100 Expl. M. 5,—.
Plakatformat auf Kartonpapier: 10 Expl. in Rolle M. 3,—; 25 Expl. M. 6,—.

Weniger als 10 Exemplare werden nicht abgegeben.

Springer-Verlag Berlin Heidelberg GmbH

Veröffentlichungen des Verbandes Deutscher Elektrotechniker.

Empfehlenswerte Maßnahmen bei Bränden.
Taschenformat (geheftet): 10 Expl. 25 Pf.; 100 Expl. M. 2,—.
Plakatformat auf Kartonpapier: 10 Expl. in Rolle M. 3,—;
25 Expl. M. 6,—.
Weniger als 10 Exemplare werden nicht abgegeben.

Vorschriften für den Betrieb elektrischer Starkstromanlagen nebst Ausführungsregeln.
Anleitung zur ersten Hilfeleistung bei Unfällen im elektrischen Betriebe.
Empfehlenswerte Maßnahmen bei Bränden.
Preis 30 Pf.; 10 Expl. M. 2,60; 25 Expl. M. 6,25; 100 Expl. M. 22,—.

Normalien für Bewertung und Prüfung von elektrischen Maschinen und Transformatoren.
Normalien für die Bezeichnung von Klemmen bei Maschinen, Anlassern, Regulatoren und Transformatoren.
Normale Bedingungen für den Anschluß von Motoren an öffentliche Elektrizitätswerke.
Normalien für die Verwendung von Elektrizität auf Schiffen.
Ausgabe Januar 1910.
In einem Bande. **Taschenausgabe** (kartoniert):
Preis 80 Pf.; 10 Expl. M. 7,50; 25 Expl. M. 17,—; 100 Expl. M. 60,—

Allgemeine Vorschriften für die Ausführung elektrischer Starkstromanlagen bei Kreuzungen und Näherungen von Bahnanlagen.
Allgemeine Vorschriften für die Ausführung und den Betrieb neuer elektrischer Starkstromanlagen (ausschließlich der elektrischen Bahnen) bei Kreuzungen und Näherungen von Telegraphen- und Fernsprechleitungen.
Festgesetzt auf der Jahresversammlung in Erfurt, den 11.—14. Juni 1908.
In einem Bande. Preis 30 Pf.

Vorläufige Richtlinien für die Konstruktion und Prüfung von Wechselstrom-Hochspannungsapparaten von einschließlich 1500 Volt Nennspannung aufwärts für Innenräume.
Beschlüsse des Ausschusses des Verbandes Deutscher Elektrotechniker.
Preis 40 Pf.; 10 Expl. M. 3,50; 50 Expl. M. 17,—; 100 Expl. M. 30.—

===

Springer-Verlag Berlin Heidelberg GmbH

Veröffentlichungen des Verbandes Deutscher Elektrotechniker.

Sicherheitsvorschriften für elektrische Straßenbahnen und straßenbahnähnliche Kleinbahnen.

Festgesetzt nach den Beschlüssen der Jahresversammlung zu Stuttgart 1906.

Taschenformat (kartoniert):
Preis 50 Pf.; 10 Expl. M. 4,50; 25 Expl. M. 10,—; 100 Expl. M. 35,—.

Photometrische Einheiten — Vorschriften für die Messung der mittleren horizontalen Lichtstärke von Glühlampen — Normalien für Bogenlampen — Vorschriften für die Photometrierung von Bogenlampen — Normalien für die Beurteilung der Beleuchtung — Einheitliche Bezeichnung von Bogenlampen.

Festgesetzt nach den Beschlüssen des Verbandes Deutscher Elektrotechniker.

Preis 40 Pf.; 10 Expl. M. 3,50; 50 Expl. M. 17,—; 100 Expl. M. 30,—

Vorschriften für die Konstruktion und Prüfung von Installationsmaterial.

Festgesetzt auf der Jahresversammlung in Erfurt, den 11.—14. Juni 1908.

Preis 25 Pf.

Normalien für isolierte Leitungen.

Taschenausgabe.

Preis 40 Pf.; 10 Expl. M. 3,50; 50 Expl. M. 17,—; 100 Expl. M. 30,—.

Normalien für Freileitungen nebst Erläuterungen.

Taschenausgabe.

Preis 60 Pf.; 10 Expl. M. 5,—; 50 Expl. M. 22,50; 100 Expl. M. 40,—.

Statistik der Elektrizitätswerke in Deutschland

nach dem Stande vom 1. April 1913.

Herausgegeben von

Georg Dettmar,

Generalsekretär des Verbandes deutscher Elektrotechniker.

Kartoniert Preis M. 8,—.

Erläuterungen zu den

Vorschriften für die Errichtung und den Betrieb elektrischer Starkstromanlagen einschließlich Bergwerksvorschriften

und zu den

Sicherheits-Vorschriften für elektrische Straßenbahnen und straßenbahnähnliche Kleinbahnen.

Im Auftrage des Verbandes Deutscher Elektrotechniker

herausgegeben von

Dr. C. L. Weber,

Kaiserl. Geh. Regierungsrat.

Elfte, vermehrte und verbesserte Auflage.

In Leinwand gebunden Preis M. 5,—.

Springer-Verlag Berlin Heidelberg GmbH

Erläuterungen

zu den

Normalien für Bewertung und Prüfung von elektrischen Maschinen und Transformatoren,

den

Normalen Bedingungen für den Anschluß von Motoren an öffentliche Elektrizitätswerke

und den

Normalien für die Bezeichnung von Klemmen bei Maschinen, Anlassern, Regulatoren und Transformatoren.

Im Auftrage des Verbandes Deutscher Elektrotechniker

herausgegeben von

Georg Dettmar,
Generalsekretär des Verbandes.

Vierte Auflage.

Springer-Verlag Berlin Heidelberg GmbH
1914.

ISBN 978-3-662-42778-1   ISBN 978-3-662-43055-2 (eBook)
DOI 10.1007/978-3-662-43055-2
Softcover reprint of the hardcover 4th edition 1914

Vorwort zur vierten Auflage.

Die „Normalien für Bewertung und Prüfung von elektrischen Maschinen und Transformatoren" sind seit Erscheinen der dritten Auflage einer Umarbeitung unterzogen worden, so daß auch diese Erläuterungen in weitgehendstem Maße einer Veränderung unterworfen wurden. Auch die „Normalen Bedingungen für den Anschluß von Motoren an öffentliche Elektrizitätswerke" waren im Jahre 1912 in einigen Paragraphen geändert worden, und auch dies ist bei der neuen Auflage des Buches berücksichtigt worden.

Um den Benutzern dieses Buches die Berücksichtigung anderer vom Verbande aufgestellter und mit Maschinen, den dazu gehörigen Anlaßwiderständen, Regulatoren usw. in Verbindung stehender Vorschriften, Normalien und Leitsätze zu erleichtern, sind diesmal im Anhang die diesbezüglichen Vorschriften zum Teil ganz, zum Teil auszugsweise wiedergegeben worden.

Ich hoffe dadurch nicht nur den Ingenieuren, welche sich hauptsächlich mit der Herstellung, Prüfung usw. von Maschinen befassen, ihre Tätigkeit zu erleichtern, sondern ich möchte auch erreichen, daß sie die anderen auf Maschinen bezüglichen Bestimmungen des Verbandes möglichst kennen lernen.

Bei der Bearbeitung der Erläuterungen bin ich von den Herren Brückmann, Falkenstein, Linke, Schüler und Zähringer in freundlichster Weise durch Zurverfügungstellung von Material unterstützt worden. Ich sage denselben auch hier nochmals meinen besten Dank.

Berlin, im Mai 1914.

Georg Dettmar.

Inhaltsverzeichnis.

Seite

I. Erläuterungen zu den Normalien für die Bewertung und Prüfung von elektrischen Maschinen und Transformatoren.

Einleitung	7
Begriffserklärungen	11
Allgemeine Bestimmungen	17
Angaben auf den Schildern	18
Betriebsart	25
Kommutierung	27
Temperaturzunahme	29
Überlastung	51
Isolation	53
Wirkungsgrad	60
Methoden zur Bestimmung des Wirkungsgrades	65
Spannungsänderung	79
Anhang	83

II. Erläuterungen zu den Normalen Bedingungen für den Anschluß von Motoren an öffentliche Elektrizitätswerke.

Einleitung	86
Allgemeines	89
Anmeldung	90
Anlaufstrom von Gleichstrommotoren	92
Anlaufstrom von Mehrphasenmotoren	92
Anlaufstrom von Einphasenmotoren	93
Leistungsfaktor von Mehrphasenmotoren	95
Leistungsfaktor von Einphasenmotoren	95
Ausführung der Messungen	96
Spezialmotoren	98

III. Erläuterungen zu den „Normalien für die Bezeichnung von Klemmen bei Maschinen, Anlassern, Regulatoren und Transformatoren".

Einleitung	99
A. Allgemeines	100
B. Maschinen und dazu gehörige Apparate	106
C. Transformatoren	118

IV. Normalien für die Prüfung von Eisenblech 121

V. Normalien für Verwendung von Elektrizität auf Schiffen 123

VI. Anhang.

1. Auszug aus den Errichtungsvorschriften . . 125
2. Auszug aus den Betriebsvorschriften 134
3. Leitsätze für Schutzerdungen 136
4. Leitsätze für die Ausführung von Schlagwetterschutzvorrichtungen an elektrischen Maschinen, Transformatoren und Apparaten . . 141
5. Leitsätze für den Anschluß von Schwachstromanlagen an Niederspannungs-Starkstromnetze durch Transformatoren oder Kondensatoren (mit Ausschluß der öffentlichen Telegraphen- und Fernsprechanlagen) 145
6. Normalien über die Abstufung von Stromstärken bei Apparaten 145
7. Normalien über Anschlußbolzen und ebene Schraubkontakte für Stromstärken von 10 bis 1500 Ampere 146

Sachregister 147

I. Erläuterungen zu den Normalien für Bewertung und Prüfung von elektrischen Maschinen und Transformatoren.

Einleitung.

Hauptsächlich veranlaßt durch die Unsicherheit, welche mit der Bestimmung des Wirkungsgrades solcher elektrischer Maschinen verbunden war, die mechanische Arbeit in elektrische oder elektrische Arbeit in mechanische umwandeln, machte ich die Verbandsleitung im Herbst 1899 auf die bestehenden Schwierigkeiten aufmerksam und fragte gleichzeitig an, ob sie es für zweckmäßig hielte, von seiten des Verbandes Deutscher Elektrotechniker aus eine Regelung durch Einsetzung einer Kommission herbeizuführen. Diese Frage wurde bejaht und gleichzeitig noch von Herrn G. Kapp eine Erweiterung des Arbeitsgebietes der event. zu erwählenden Kommission vorgeschlagen, darin bestehend, daß auch die Unsicherheit bezüglich Angabe der Leistung (insbesondere bei Straßenbahnmotoren) und die Verschiedenheiten in der Festlegung der Erwärmungsgrenzen beseitigt werden sollten. Um nun die Ansichten der Fachkreise über diese Anregungen kennen zu lernen, wurde von mir ein Fragebogen ausgearbeitet und an die in Frage kommenden Firmen verschickt. Die darauf eingelaufenen Antworten zeigten schlagend, wie zeitgemäß und erwünscht die Anregung war.

In einem auf der Jahresversammlung des V. D. E. in Kiel im Jahre 1900 gehaltenen Vortrage habe ich die Angelegenheit eingehend behandelt (siehe ETZ 1900, Seite 727) und gezeigt, wie groß das Bedürfnis für die Schaffung von Normen auf dem Gebiete des elektrischen Maschinenbaues war. Auf Grund dieses Vortrages und eines von mir veranlaßten Antrages des Hannoverschen Elektrotechniker-Vereins setzte die Jahresversammlung eine Kommission zur Aufstellung von Normen für die Bestimmung und Angabe von Leistung, Erwärmung, Wirkungsgrad usw. elektrischer Maschinen ein. Sie bestand aus den Herren: von Dobrowolsky,

Eßberger, Gaa, von Goeben, Görges, Heubach, Rhode und mir als Vorsitzendem. Die Arbeit wurde im Oktober 1900 aufgenommen und in mehreren Kommissionssitzungen so schnell gefördert, daß schon bald ein erster Entwurf zustande kam, der, um die Ansichten und Wünsche weiterer Kreise kennen zu lernen, an eine Anzahl von Firmen, Vereinen, sowie an einzelne hervorragende Fachleute geschickt wurde mit der Bitte um Rückäußerung und Vorschläge. Auf diese Weise erhielt man ein umfangreiches Material, das bei der weiteren Bearbeitung eingehend berücksichtigt worden ist.

Schon auf der Jahresversammlung 1901 konnte eine Ausarbeitung der „Maschinen-Normalien" vorgelegt werden. Da man aber den Wunsch hatte, erst Sicherheit darüber zu erhalten, daß diese völlig neue Arbeit auch wirklich den Bedürfnissen der Praxis angepaßt war, wurde zunächst nur ihre probeweise Annahme vorgeschlagen und beschlossen. Bei der Benutzung stellte sich nun heraus, daß die Normalien im allgemeinen den vorhandenen Bedürfnissen sehr gut entsprachen. Neben einigen kleineren Änderungen zeigte sich noch das Bedürfnis, auch die Spannungen, Drehzahlen und die Frequenz zu normalisieren, sowie über Gleichstromgeneratoren mit veränderlicher Spannung gewisse Bestimmungen zu treffen. Da diese letzteren Punkte von dem Grundgedanken der bisherigen Normalien in gewissem Sinne abwichen, so entschied sich die Kommission dahin, daß diese Ergänzungen in Form eines Anhanges zu den Normalien herausgegeben werden sollen. So wurde dann der Jahresversammlung 1902 ein solcher Anhang sowie einige Abänderungen zu den eigentlichen Normalien zur Annahme vorgeschlagen. Eine endgültige Annahme der Normalien hat man jedoch auch zu diesem Termin noch nicht herbeiführen wollen, so daß man die gesamte Arbeit nochmals probeweise für ein Jahr herausgab, um dann mit um so größerer Ruhe im Jahre 1903 die endgültige Annahme vorschlagen zu können. Unter Einführung einiger kleiner Verbesserungen wurde dann von der Jahresversammlung 1903 die endgültige Annahme ausgesprochen.

In dieser Fassung blieben die Normalien bis zum Jahre 1907 unverändert bestehen. Infolge der in der Zwischenzeit eingetretenen Fortschritte im Bau elektrischer Maschinen trat das Bedürfnis für eine Revision der Normalien ein, die mit Beginn des Jahres 1907 zur Durchführung gelangte. Auf Grund dieser Beratungen, die wieder unter weitgehendster Mitwirkung der Industrie und der Vereine stattfanden, wurden auf der Jahresversammlung 1907 einige Änderungen und Ergänzungen in Vorschlag gebracht. Im Laufe des Jahres 1908 gelangten einige Anträge auf Abänderung an die Kommission, denen dieselbe glaubte entsprechen zu müssen. Sie unterbreitete infolgedessen der Jahresversammlung 1909 einen entsprechenden Vorschlag, der auch angenommen wurde.

Im Laufe des Jahres 1911 zeigte es sich wieder, daß die Maschinennormalien den Fortschritten der Technik nicht mehr entsprachen. Man war sich aber klar, daß es diesmal nicht mit einer einfachen Ergänzung wie in den Jahren 1907, 1908 und 1909 getan sein würde. Vielmehr wurde jetzt eine gründliche Revision der ganzen Vorschriften notwendig. Diese wurde sogleich in Angriff genommen, und zwar erfreulicherweise unter freundlicher Mitwirkung des Vereins Deutscher Ingenieure, der nicht nur die Wünsche seiner sämtlichen Bezirksvereine zu den Maschinennormalien dem Verbande zur Verfügung stellte, sondern auch zu den Sitzungen der Kommission einen Delegierten entsandte.

Der neue Wortlaut sollte nun schon der Jahresversammlung 1912 vorgelegt werden. Im Ausschusse des Verbandes war aber die Meinung vertreten, daß es richtiger sei, den Entwurf einer nochmaligen Bearbeitung innerhalb der Kommission zu unterziehen, und infolgedessen wurde die Vorlage an die Kommission zurückverwiesen. Diese hat daraufhin noch in mehreren Sitzungen weiter gearbeitet und hierbei insbesondere auch dem Beschluß des Ausschusses für Einheiten und Formelgrößen und dem Beschluß der Internationalen Elektrotechnischen Kommission betr. Ersatz der Pferdestärke durch das Kilowatt Rechnung getragen. Weiter wurde auch mit dem American Institute of Electrical Engineers, welches gleichfalls mit einer Änderung seiner Maschinennormalien beschäftigt ist, Fühlung genommen. Die auf Grund der vorgenommenen durchgreifenden Revision entstandene neue Fassung wurde von der Jahresversammlung 1913 angenommen und liegt dem folgenden Texte der Normalien und Erläuterungen zugrunde.

Nachstehende Tabelle gibt einen schnellen Überblick über die verschiedenen, bisher in Gültigkeit gewesenen Fassungen der Maschinennormalien. Auf Grund derselben ist man in der Lage, entscheiden zu können, welche Fassung zu jeder beliebigen Zeit Gültigkeit gehabt hat und wo dieselbe veröffentlicht ist.

Fassung:	Beschlossen:	Gültig ab:	Veröffentl. ETZ:
Erste Fassung	28. 6. 01	1. 7. 01	01 S. 798
Erste Änderung	13. 6. 02	1. 7. 02	02 S. 764
Zweite Änderung	8. 6. 03	1. 7. 03	03 S. 684
Dritte Änderung	7. 6. 07	1. 7. 07	07 S. 826
Vierte Änderung	3. 6. 09	1. 1. 10	09 S. 788
Zweite Fassung	19. 6. 13	1. 7. 14	13 S.1038

Der leitende Gesichtspunkt bei der Ausarbeitung der Normalien war der, dem Handel mit elektrischen Maschinen und Transformatoren eine sichere und gleichmäßige Grundlage zu geben, und zwar sowohl dadurch, daß auch bei verschiedenen Fabrikaten die grundlegenden Anforderungen, welche man allgemein an Maschinen zu stellen berechtigt ist, erfüllt sein müssen, als auch dadurch, daß die Prinzipien für die Abnahme von Maschinen einheitlich gestaltet werden.

Durch die Normalien ist ein einwandfreier Vergleich verschiedener Fabrikate ermöglicht, und es wird dem Besteller und dem Fabrikanten eine große Arbeitsmenge erspart, da die Grundlagen für die Offerten gleichmäßig sind. Früher wurden bei Ausschreibungen vielfach besondere Bedingungen ausgearbeitet, welche in der Hauptsache das erreichen sollten, was die vorliegenden Normalien bieten. Derartige Bedingungen, welche selbstverständlich den persönlichen Ansichten und Erfahrungen desjenigen, welcher dieselben ausgearbeitet hat, entsprechen und infolgedessen (für die einzelnen Firmen) jedesmal andere sind, sind seit dem Inkrafttreten der Normalien unnötig, solange es sich um Anlagen handelt, die nicht allzuweit aus dem Rahmen der Alltäglichkeit fallen.

Außer dem eben erwähnten Vorteile, daß der Verkauf von Maschinen und Transformatoren ein einheitlicher und damit ein einfacherer ist, erreicht man noch den weiteren, daß die in den Normalien festgelegten Einzelheiten, da sie immer wiederkehren, weit genauer vorausbestimmt werden können, und somit die Gefahr verringert wird, daß bei erfolgter Lieferung die gestellten Bedingungen nicht eingehalten werden.

Da die Normalien das Interesse der ausführenden Firmen und dasjenige der Abnehmer in gleichem Maße vertreten, ist es natürlich von großer Bedeutung, daß sie stets in Anwendung gebracht werden, d. h. diejenigen Abnehmer, welche von dem Vorhandensein der Normalien nicht unterrichtet sind, müssen auf dieselben hingewiesen und die Offerten unter Zugrundelegung derselben ausgearbeitet werden. Für solche Anlagen und Maschinen, welche abnormalen Bedingungen zu genügen haben, wird es natürlich notwendig sein, besondere Abmachungen zu treffen; dieser Fall ist ausdrücklich in § 1 vorgesehen.

Schon die Rückäußerungen zum ersten Entwurfe der Normalien zeigten die Möglichkeit, daß Angaben, welche auf Grund eingehender Kommissionsberatungen festgelegt worden waren, mißverstanden würden. Es gab des weiteren auch Bestimmungen, welche man, ohne die eingehenden Kommissionsberatungen zu kennen, nicht leicht verstehen konnte. Dies ergab deutlich die Notwendigkeit, Erläuterungen zu den Normalien herauszugeben, um falsche Auffassungen und unbeabsichtigte Schädigungen zu vermeiden.

Im Laufe der Jahre sind auch über die Auslegung gewisser Bestimmungen in den Normalien Anfragen bei der Kommission eingelaufen, die nicht nur als Grundlage für etwaige Verbesserungen der Normalien selbst, sondern auch für den Ausbau der den Normalien gleich bei ihrem ersten Erscheinen schon beigegebenen „Erläuterungen" benutzt wurden. Ebenso wurde ein Teil derjenigen Abänderungsvorschläge, zu deren Berücksichtigung die Kommission sich nicht entschließen konnte, für die Verarbeitung in die Erläuterungen verwendet.

Begriffserklärungen.

Generator (Stromerzeuger) oder Dynamo ist jede umlaufende Maschine, die mechanische in elektrische Leistung verwandelt.

Motor ist jede umlaufende Maschine, die elektrische in mechanische Leistung verwandelt.

Motorgenerator ist eine Doppelmaschine, bestehend aus einem Motor und einem Generator, die unmittelbar miteinander gekuppelt sind.

Umformer ist eine Maschine, bei der die Umformung elektrischer in elektrische Leistung in einem Anker stattfindet.

Ständer (Stator) ist der feststehende, Läufer (Rotor) der umlaufende Teil einer elektrischen Maschine.

Anker ist derjenige Teil einer elektrischen Maschine, in dem durch Umlauf in einem magnetischen Felde oder eines magnetischen Feldes elektromotorische Kräfte erzeugt werden.

Transformator ist eine elektromagnetische Vorrichtung ohne dauernd bewegte Teile zur Umwandlung elektrischer in elektrische Leistung.

Drehtransformator ist ein nach Art der Asynchronmotoren gebauter Transformator, bei dem durch Verdrehung eines Ankers die Größe oder Phase der Sekundärspannung geändert werden kann.

Wechselstrom ist Einphasenstrom und Mehrphasenstrom.

Drehstrom ist verketteter Dreiphasenstrom.

Spannung ist bei Zweiphasenstrom die Spannung zwischen den zwei Leitern einer Phase.

Spannung ist bei Drehstrom die verkettete Spannung.

Sternspannung ist bei Drehstrom die Spannung zwischen dem Nullpunkt und je einem der drei Hauptleiter.

Anlaßspannung ist bei Asynchronmotoren die im offenen Sekundäranker bei Stillstand auftretende Spannung.

Übersetzung ist bei Transformatoren das Verhältnis der Spannungen bei Leerlauf.

Frequenz ist die Anzahl der Perioden in der Sekunde.

Drehzahl ist die Zahl der Umläufe in der Minute.

Das **Voltampere** ist die Einheit für das Produkt aus Stromstärke, in Ampere gemessen, Spannung, in Volt gemessen, und dem der Stromart entsprechenden Zahlenfaktor.

Abgabe ist die abgegebene Nutzleistung in Kilowatt (kW).

Aufnahme ist die zugeführte Leistung in Kilowatt (kW).

Belastbarkeit bedeutet

bei Gleichstrommaschinen (Generatoren und Motoren) und Wechselstrommotoren: die normale Abgabe,

bei Wechselstromgeneratoren, Transformatoren und solchen Synchronmotoren, die betriebsmäßig mit Phasenverschiebung arbeiten, das Produkt aus normaler Spannung, normalem Strom und dem der Stromart entsprechenden Zahlenfaktor (bei Transformatoren und Umformern gemessen auf der Sekundärseite).

Leistungsfaktor ($\cos \varphi$) ist das Verhältnis:
$$\frac{\text{Zahl der Watt}}{\text{Zahl der Voltampere}}.$$

Wirkungsgrad ist das Verhältnis:
$$\frac{\text{Abgabe}}{\text{Aufnahme}}.$$

Bei den Beratungen zeigte es sich, daß es, um Unklarheiten zu vermeiden, unbedingt notwendig ist, die in den Normalien vorkommenden Begriffe eindeutig festzulegen, da die Verwendung der einzelnen Bezeichnungen eine stark schwankende ist. So wurden z. B. Motorgeneratoren vielfach als Umformer oder gar als Transformatoren bezeichnet, andererseits wurden Wechselstrom-Transformatoren auch mit dem Namen Umformer belegt und so fort. Ferner war bei Drehstrom- und Wechselstrommotoren der Begriff „Anker" durchaus unbestimmt.

Wenngleich nun die Begriffserklärungen, welche den Normalien vorangestellt sind, in der Hauptsache dafür geschaffen sind, den Inhalt der Normalien eindeutig zu gestalten, so hoffte die Kommission gleichzeitig den Sprachgebrauch günstig zu beeinflussen, indem er sich den hier festgelegten Bezeichnungen auch allgemein anschließen werde.

Um Stoßbohrer, Magnete usw. von dem Begriffe „Motor" auszuschließen, wurde als besonderes Kennzeichen hinzugenommen, daß ein solcher umlaufen muß. Damit hat man allerdings Motoren mit hin und her gehender Bewegung, welche man sich denken kann, ausgeschieden. Da diese Maschinen vor der Hand aber keine praktische Bedeutung haben, so erschien diese Beschränkung zulässig.

Der Begriff „Motorgenerator" ist der allgemein üblichen Benutzung entsprechend so festgesetzt worden, daß derselbe die Vereinigung von einem Motor mit einem Generator darstellt, doch soll selbstverständlich die Vereinigung eines Motors mit zwei Generatoren, zweier Motoren mit einem oder mehreren Generatoren und so fort mit in diese Maschinengattung fallen.

Der Begriff „Umformer" ist beschränkt worden auf Maschinen mit e i n e m Anker, so daß Maschinen mit einer wie mit zwei und mehr Wickelungen unter diesen Begriff fallen.

Im allgemeinen ist der Begriff „Anker" ziemlich eindeutig bestimmt, außer bei Drehstrom- und Wechselstrommotoren. Hier hatte sich leider vielfach die Gewohnheit herausgebildet, den Teil, welchem der Strom vom Netz aus zugeführt wird, als Feld zu bezeichnen, während man den anderen Teil der Maschine Anker nannte. Diese Bezeichnungsweise ist, trotzdem sie früher fast allgemein verwendet wurde, doch falsch. Man nehme z. B. bei einem asynchronen Drehstrommotor den fälschlicherweise sogenannten Anker heraus und setze dafür ein Magnetsystem hinein (indem man dadurch einen synchronen Motor aus dem asynchronen macht) und man hat eine Maschine, die aus z w e i F e l d e r n besteht. Benutzt man die so entstandene Maschine als Generator, so würde das Feld Strom abgeben. Auch ohne den vorgenannten Ersatz des Ankers durch ein Magnetsystem durchzuführen, ersieht man schon, wie fehlerhaft die Benennungen Feld und Anker sind, sobald man den asynchronen Motor übersynchron betreibt. Bekanntlich gibt derselbe dann Strom in das Netz zurück und dieser Strom wird erzeugt im sogenannten Felde. Bei allen anderen Maschinenarten ist die Begriffserklärung des Ankers, wonach derselbe dadurch charakterisiert ist, daß in ihm elektromotorische Kräfte erzeugt werden, richtig. Auch beim asynchronen Motor ist sie durchaus nicht widersprechend, nur ergeben sich nach dieser Begriffserklärung für den asynchronen Motor zwei Anker. Zur Unterscheidung der beiden Anker bei asynchronen Motoren empfiehlt es sich, dem Transformator entsprechend, die Benennungen „Primär-" und „Sekundäranker" zu gebrauchen. Die Bezeichnungen, welche auch vielfach gebraucht werden, „Ständer" und „Läufer", sowie „Rotor" und „Stator" sind rein mechanischer Natur. Sie werden allerdings auch vielfach zur Bezeichnung der elektrischen Teile verwendet, wobei immer vorausgesetzt wird, daß der Stator dem oben definierten Primäranker und der Rotor dem Sekundäranker entspricht. Da dies aber durchaus nicht immer der Fall ist, so ist es notwendig, daß die Bezeichnungen „Ständer" (Stator) und „Läufer" (Rotor) nur zur Bezeichnung der mechanischen Eigenschaften des in Frage kommenden Maschinenteiles benutzt werden. In diesem Sinne sind sie auch bei der Neufassung der Maschinennormalien ausdrücklich in den Wortlaut unter Begriffserklärungen aufgenommen worden.

Die Begriffserklärung des Transformators ist so gefaßt, daß Drosselspulen ausgeschlossen sind. Die Bezeichnung „Drehtransformator" ist bei der Neufassung der Normalien eingeführt worden zur Bezeichnung der Reguliertransformatoren, welche z. B. zur Regulierung bei Einanker-Umformern, in Speiseleitungen u. ähnl. sowie zur Erzielung bestimmter Phasenverschiebung verwendet werden. Diese Transformatoren führten früher vielfach die Bezeichnung Potentialregler.

Es hat sich als notwendig erwiesen, bei Drehstrom nicht nur die Bezeichnung für die Spannung zwischen je zwei der drei Leiter zu definieren, sondern auch die Spannung zwischen den Außenleitern und dem Nullpunkt. Insbesondere machte es sich in der Fabrikation der Zähler notwendig, für diese Spannung eine einheitliche und unzweideutige Bezeichnung zu schaffen, da Zähler sowohl für die Schaltung zwischen Außenleitern, wie auch zwischen Außenleitern und Nullpunkt Verwendung finden. Bisher war der Ausdruck „Phasenspannung" vielfach für diesen Begriff üblich. Derselbe ist jedoch durchaus irreleitend, da bei einer Maschine mit Dreieckschaltung die Phasenspannung gleich der Spannung zwischen zwei Leitern, also gleich der „Spannung" ist. In anderer Weise ist der Begriff „Phasenspannung" unzuverlässig, da er bei Messung mit künstlichem Nullpunkt irreleitend sein könnte. Es wurde daher von der Kommission der Ausdruck „Sternspannung" gewählt und diese Spannung dahin definiert, daß darunter die Spannung zwischen dem Nullpunkt und je einem der drei Hauptleiter zu verstehen ist. Es sind somit die bei der praktischen Anwendung des Drehstromsystems interessierenden beiden Spannungen unzweideutig festgelegt.

Was bei einem Transformator unter „Übersetzung" zu verstehen ist, darüber waren früher die Ansichten geteilt, da sie bald für Leerlauf, bald für Vollast angegeben wurde. Da man im ersteren Falle aber auch direkt das Verhältnis der Windungszahlen hat, so ist dieser Wert zweckmäßiger und daher von der Kommission gewählt worden. Aus der Spannungsänderung (siehe später) ist ohne weiteres die Übersetzung bei Vollast zu erhalten.

Bei Wechselströmen bestand früher die Gewohnheit, die Periodenzahl oder die Wechselzahl anzugeben. Es war nun notwendig, hier eine Normalisierung der Bezeichnung einzuführen. Da es in der Physik im allgemeinen üblich ist, die Zahl der vollen Schwingungen anzugeben, so entschied man sich auch hier, das gleiche zu tun. Um nun Verwechselungen mit den bisherigen Ausdrücken, die nicht immer eindeutig gebraucht wurden, zu vermeiden, wurde ein neues Wort (Frequenz) gewählt, welches außerdem den Vorteil hat, daß es den im Auslande üblichen Bezeichnungen sich eng anschließt.

Schon in dem ersten Entwurf der Normalien hatte man für die Kennzeichnung der Leistungsfähigkeit von Wechselstrommaschinen das Voltampere eingeführt. Man ließ es aber wieder fallen mit Rücksicht auf den von einigen Seiten erhobenen Einwurf, daß der Begriff „Voltampere" in unseren gesetzlich festgelegten Maßeinheiten nicht vorkomme. Trotzdem sah man sich bei der letzten Änderung des ersten Entwurfes der Normalien in die Lage versetzt, das Voltampere einzuführen, da die Praxis diesen Begriff für unbedingt notwendig erachtete. Die Bemessung eines Wechselstrom-Generators richtet sich nach Strom und Spannung und dem für die Maschine zulässigen geringsten Leistungsfaktor. Hierdurch ist die **Leistungsfähigkeit** eindeutig bestimmt. Die **Leistung** einer Maschine dagegen hängt nicht von der Maschine selbst, sondern von dem Netz ab, so daß man also zu unterscheiden hat zwischen der jeweiligen Leistung und der Leistungsfähigkeit einer Maschine. Da letztere aber für den Käufer nur von Bedeutung ist, so hat man sich entschlossen, das Kilovoltampere einzuführen. Da, wie schon erwähnt, dieser Begriff in dem Gesetz betr. die Maßeinheiten nicht enthalten ist, so war es notwendig, ihn unter den Begriffserklärungen besonders aufzunehmen. Der erwähnte Zahlenfaktor beträgt bei Drehstrom $\sqrt{3}$, bei Zweiphasenstrom $\sqrt{2}$.

Bei der auf der Jahresversammlung 1913 beschlossenen Neufassung der Maschinennormalien ist das bisherige Maß für die Leistung von Motoren, die Pferdestärke, ersetzt worden durch das Kilowatt. Die Kommission hat sich hierin dem Beschlusse des Ausschusses für Einheiten und Formelgrößen, welcher lautet:

„Die technische Einheit der Leistung heißt Kilowatt. Sie ist praktisch gleich 102 Kilogrammeter in der Sekunde und entspricht der absoluten Lei-

stung 10^{10} Erg in der Sekunde. Einheitsbezeichnung kW"
angeschlossen.

Sie ist übrigens damit auch in Übereinstimmung mit dem bereits im Jahre 1911 gefaßten Beschlusse der Internationalen Elektrotechnischen Kommission. Dieser lautet:

1. Die Leistung elektrischer Generatoren wird definiert als die elektrische Arbeit, welche an ihren Klemmen verfügbar ist.
2. Die Leistung elektrischer Motoren ist zu definieren als die an der Welle verfügbare mechanische Arbeit.
3. Sowohl elektrische wie mechanische Arbeit sind in internationalen Watt auszudrücken.

Die Durchführung der Bezeichnung kW bei Motoren wird sicher mit bedeutenden Schwierigkeiten verbunden sein. Hat es doch allein ungefähr 20 Jahre gedauert, bis überhaupt ein Beschluß, die Pferdestärke durch das Kilowatt zu ersetzen, zustande gekommen ist. Denn bereits im Jahre 1891 hat W. Kohlrausch auf dem Internationalen Elektrotechniker-Kongreß in Frankfurt a. Main den Vorschlag zum ersten Male gemacht.

In der Übergangszeit, bis das kW als Maß der mechanischen Leistung sich durchgesetzt haben wird, können leicht Schwierigkeiten mit Abnehmern entstehen. Manche Hersteller von Motoren haben immer geglaubt, diese am besten dadurch zu überwinden, daß auf den Motoren außer der Bezeichnung der Leistung in kW auch noch eine Bezeichnung in PS angegeben wird. Die Kommission hat sich hiermit eingehend befaßt und sich dahin geäußert, daß ein solches Verfahren nicht zweckmäßig ist, weil dadurch die Übergangszeit ganz wesentlich verlängert wird. Solange die Pferdestärke auf den Schildern noch erscheint, werden sich die Abnehmer nicht an das kW gewöhnen. Für die schnelle Überwindung der Übergangszeit ist es daher richtiger, nur das kW anzugeben. Es wurde daher von der Kommission einstimmig eine Resolution dahingehend gefaßt, daß auf den Schildern nur die Bezeichnung der Leistung in kW vorzunehmen ist. In diesem Sinne wurden auch die Mitglieder des Verbandes in der Elektrotechnischen Zeitschrift auf diesen Beschluß der Kommission hingewiesen. Ein zweckmäßiges Mittel, um den Abnehmern während der Übergangszeit die Umrechnung zu erleichtern, ist darin zu erblicken, daß für die Dauer einer Zeit von einigen Jahren an die Maschinen Zettel angehängt werden, auf welchen die folgenden Umrechnungszahlen angegeben sind:

$$1 \text{ kW} = 1{,}36 \text{ PS}$$
$$1 \text{ PS} = 0{,}735 \text{ kW}.$$

Der Vollständigkeit halber seien hier auch noch die

Beziehungen zu kgm/sek angegeben. Die entsprechenden Umrechnungszahlen sind folgende:

1 kW = 1,36 PS = 102 kgm/sek.
1 PS = 0,735 kW = 75 kgm/sek.
1 kgm/sek = 0,0098 kW = 0,0133 PS.

Infolge der Anwendung der gleichen Bezeichnungsweise für die aufgenommene und die abgegebene Leistung war es notwendig, eine Unterscheidung einzuführen. Früher ergab sich diese selbst dadurch, daß bei Motoren z. B. die abgegebene Leistung in PS, die aufgenommene in kW angegeben wurde. Da jetzt beides in kW gemessen wird, war es erforderlich, für die Unterscheidung die Bezeichnungen „Aufnahme" und „Abgabe" einzuführen.

Bezüglich der Belastbarkeit von Synchron-Motoren sei noch erwähnt, daß unter „Synchron-Motoren, die betriebsmäßig mit Phasenverschiebung arbeiten", solche gemeint sind, welche zur Beeinflußung des Leistungsfaktors des Netzes dienen. Solche Synchron-Motoren werden zuweilen ausschließlich zu diesem Zwecke aufgestellt, zuweilen aber auch werden Motoren, welche zur Abgabe mechanischer Leistung dienen, außerdem noch zur Verringerung der Phasenverschiebung verwendet.

Allgemeine Bestimmungen.

§ 1.

Die folgenden Bestimmungen gelten allgemein für Lieferungen. Sie können nur durch ausdrücklich vereinbarte Verträge aufgehoben werden. Ausgenommen hiervon sind die Vorschriften über die Schilder (vgl. §§ 2, 3, 5), die immer erfüllt sein müssen.

Die Angaben beziehen sich stets auf die dem normalen Betriebe entsprechende Temperatur. Für Spannungsmeßtransformatoren gelten nur die Bestimmungen über Temperaturzunahme und Isolation.

Wie schon in der Einleitung erwähnt, wird es hin und wieder vorkommen, daß Maschinen andere Eigenschaften haben sollen bzw. dürfen, wie sie in den Normalien vorgesehen sind. Das wird besonders bei gewissen Spezialmaschinen zutreffen, deren Berücksichtigung in den Normalien viel zu weit führen würde. Es würde auch schon deswegen zwecklos sein, solche Spezialausführungen in die normalen Vorschriften hineinbringen zu wollen, weil ständig deren einige neue

Zu § 1.

ausgebildet werden, für die dann jeweils Nachträge notwendig würden. Um allen diesen Schwierigkeiten aus dem Wege zu gehen, hat man die Bestimmungen auf die allgemein üblichen Ausführungen von Maschinen und Transformatoren beschränkt und dafür den ersten Satz von § 1 aufgenommen, damit derartige besondere Ausführungen einzeln behandelt werden können. Es sollen aber in solchen Fällen die Normalien nicht einfach summarisch ausgeschlossen werden, sondern nur diejenigen Bestimmungen derselben, welche mit den speziellen Anforderungen der Anlage nicht übereinstimmen, jeweilig abgeändert oder für ungültig erklärt werden. Wenn beispielsweise für eine Maschine aus besonderen Betriebsgründen besondere Anforderungen bezüglich der Isolation notwendig sind, so ist es nicht erwünscht, die übrigen Bestimmungen der Normalien gleichfalls nicht in Anwendung zu bringen, sondern es sollen dieselben ihre Gültigkeit behalten und nur die Bestimmungen bezüglich Isolation oder einzelne Teile derselben sind besonders zu vereinbaren.

Bei Anbringung des Leistungsschildes muß dafür gesorgt werden, daß das Schild jederzeit bequem gelesen werden kann.

Spannungsmeßtransformatoren sind nach den Maschinennormalien zu behandeln. Wie im § 1 angegeben ist, gelten für sie allerdings nur die Bestimmungen über Temperaturzunahme und Isolation. Stromtransformatoren dagegen fallen überhaupt nicht unter die Maschinennormalien. Sie sind in den „Richtlinien für die Konstruktion und Prüfung von Wechselstrom-Hochspannungsapparaten von einschl. 1500 Volt Nennspannung aufwärts" einbegriffen.

Angaben auf den Schildern.

§ 2.

Auf den Schildern ist anzugeben:

Benutzungsart („Generator", „Motor" usw.),
Nummer,
Belastbarkeit,
Normale Spannung (Volt) und Schaltart, bei Maschinen unter Benutzung der Zeichen:
$\curlywedge \; \triangle \; \vert \; \top$ (Stern, Dreieck, zweiphasig, einphasig mit Hilfsphase).
Normaler Strom (Ampere),
Leistungsfaktor,
Zulässige Betriebszeit (vgl. §§ 4—7),
Drehzahl bei Vollast,
Frequenz,

Anlaßspannung und Schaltart (Bezeichnung wie oben) des Sekundärankers bei Asynchronmotoren,

Erregerspannung bei fremderregten Maschinen.

Ferner bei Transformatoren:

Übersetzung,

Kurzschlußspannung,

Schaltart (bei Drehstrom), angegeben durch einen Buchstaben der untenstehenden Schaltungsgruppen a oder b oder c, oder durch Schaltbild. (Transformatoren der Gruppen a bzw. b bzw. c können durch Verbindung gleichnamiger Klemmen parallel geschaltet werden).

Bei Motoren unter 0,2 kW braucht nur angegeben zu werden: Nummer, Spannung, Strom, Frequenz, Drehzahl.

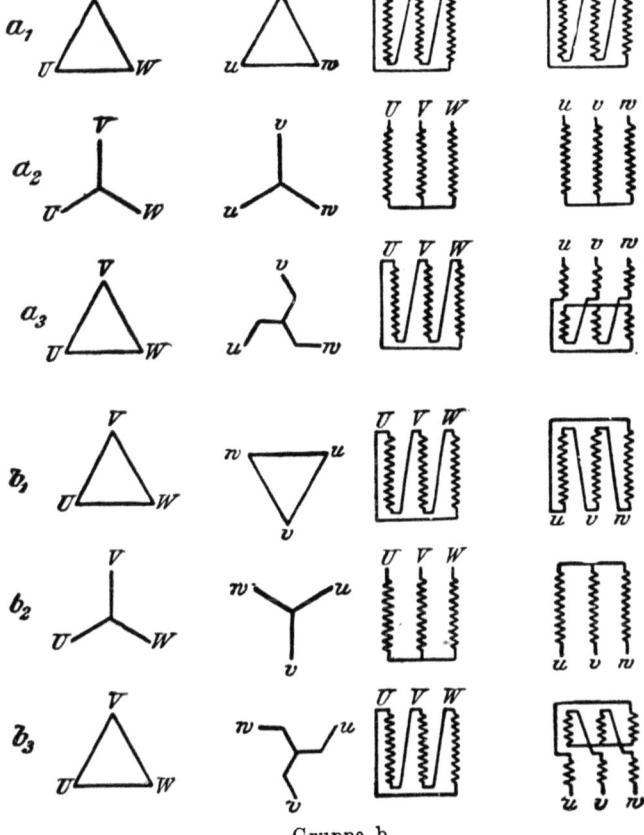

Gruppe b.

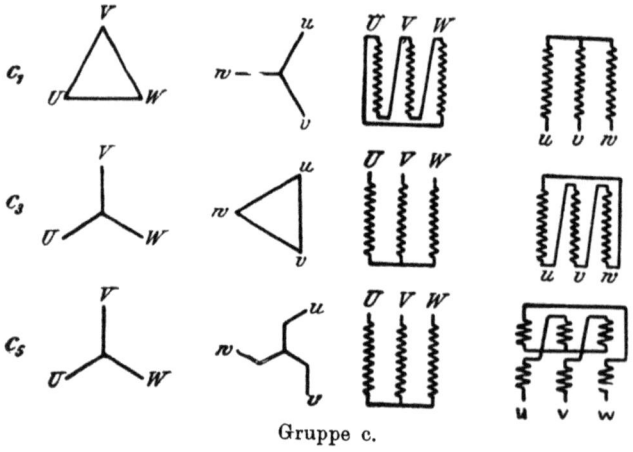

Gruppe c.

§ 3.

Bei Maschinen und Transformatoren mit veränderlicher Spannung oder Drehzahl sind die zusammengehörigen Grenzwerte von Belastbarkeit, Spannung, Strom und Drehzahl auf dem Schild anzugeben.

Zu § 2. Die Belastbarkeit einer Maschine ist stets an ihren Klemmen, nicht etwa am Schaltbrett zu messen. Die Auffassung, daß man sie am Schaltbrett messen könne, ist schon darum nicht zulässig, weil dies in vielen Fällen von der Maschine weit entfernt ist und weil die Dimensionen der Verbindungsleitungen vielfach nicht vorher festgelegt werden.

Während bis zum Jahre 1907 nur verlangt war, daß auf dem Schilde von Maschinen außer der Leistung (Belastbarkeit) die normalen Werte von Drehzahl bzw. Frequenz, Spannung und Stromstärke verzeichnet sind, wurde später noch vorgeschrieben, daß bei Asynchronmotoren auch die beim Anlassen an den Schleifringen auftretende Spannung anzugeben ist. Bei solchen Motoren kommt es öfter vor, daß die beim Anlassen an den Schleifringen auftretende Spannung größer ist, als die Spannung, mit welcher der Primäranker gespeist wird. Es kann also vorkommen, daß ein Motor, dessen Primäranker mit Niederspannung gespeist wird, im Moment des Anlassens an den Schleifringen eine Spannung entwickelt, welche unter den Begriff Hochspannung fällt, so daß also die Installation im Sekundäranker, d. h. die Verbindungsleitungen zwischen Schleifringen und Anlasser, sowie die ganze Bauart des Anlassers, den Bestimmungen der Errichtungsvorschriften über Hochspannung entsprechen müssen.

Nach § 2 der „Vorschriften für die Errichtung elektrischer Starkstromanlagen"[1]) sind Niederspannungsanlagen dadurch umgrenzt, daß die effektive Gebrauchsspannung zwischen irgend einer Leitung und Erde 250 Volt nicht überschreiten kann. Hierfür ist natürlich nicht maßgebend, wie lange diese Spannung vorhanden ist, sondern es kommt darauf an, daß sie zu irgend einer Zeit einmal vorhanden sein kann. Es muß somit die Leitungsanlage, welche zwischen Schleifringen und Anlaßwiderstand auszuführen ist, unter die Hochspannungsvorschriften fallen, wenn die Anlaßspannung den Wert von 250 V gegen Erde überschreitet. Es ist infolgedessen bei der Ausführung dieser Leitungsanlage immer die Höhe der Anlaßspannung zu berücksichtigen. Damit es nun bei den am meisten gängigen Motoren nicht notwendig ist, die Leitungen zwischen Maschine und Anlasser für Hochspannung einzurichten, ist im Anhange zu den Maschinennormalien empfohlen, die Anlaßspannung bei Motoren bis zu 20 kW unter 250 V zu halten. Im anderen Falle würde es leicht vorkommen können, daß Installateure, welche mit den Einzelheiten nicht so vertraut sind, übersehen, die Leitungen der höheren vorkommenden Spannung entsprechend auszuführen.

Bei der Neufassung der Maschinennormalien ist eine erhebliche Vermehrung der auf den Schildern zu machenden Angaben eingeführt worden. Mit Rücksicht auf die Einführung des kW als Maß für die Leistung war es notwendig, daß die Benutzungsart der Maschine angegeben wird, da ja sonst nicht zu ersehen ist, ob es sich um einen Stromerzeuger oder um einen Motor handelt. Ferner wurde verlangt, daß die Maschinennummer aufgeschlagen ist und Angaben über die Schaltungsart der Maschine gemacht werden. Letzteres ist verlangt worden, weil festgestellt wurde, daß Verwechslungen zwischen Zweiphasen-Maschinen und Dreiphasen-Maschinen sowie Einphasen-Maschinen mit Hilfsphase vorgekommen sind. Es ist außerdem bei Drehstrommaschinen auch wichtig, zu wissen, ob sie in Sternschaltung oder in Dreieckschaltung gewickelt sind. Es ist des weiteren verlangt worden, daß die zulässige Betriebszeit auf dem Schilde direkt erkennbar ist. Entsprechend den bei Primärankern von Drehstrommotoren verlangten Angaben über die Schaltart ist das gleiche auch für die Sekundäranker gefordert worden. Bei fremderregten Maschinen ergab es sich als notwendig, auch Angaben über die Erregerspannung mit auf das Schild zu setzen, da sonst Verwechslungen leicht vorkommen können. Bei Transformatoren wurden ferner noch die Angaben der Übersetzung und der Kurzschluß-

---

[1]) Der Wortlaut dieses Paragraphen ist im Anhange zu diesem Buche abgedruckt.

spannung neu eingeführt. Um nun das Schild bei ganz kleinen Maschinen nicht zu groß ausfallen zu lassen, wird für diese nur verlangt, die Nummer, Spannung, Strom, Frequenz und Drehzahl anzugeben. Auf Grund einer bei der Kommission eingelaufenen Anfrage wurde noch entschieden, daß bei solchen kleinen Motoren die Bestimmungen über das Schild auch durch Abziehschrift erfüllt werden können. Es wurde dabei festgestellt, daß über die Ausführung des Leistungsschildes in den Normalien keine Vorschriften gegeben sind. Die Bezeichnung „Schild" hat sich eingebürgert, weil man im allgemeinen besondere Blechschilder aufschraubt. Es ist aber ebensogut auch zulässig, die für das Schild verlangten Angaben direkt einzugießen, oder in irgendeiner anderen Weise auszuführen. Dementsprechend ist es auch bei ganz kleinen Motoren zulässig, die verlangten Angaben in Abziehschrift anzubringen. Voraussetzung ist nur, daß die Angaben dauerhaft und deutlich lesbar sind.

Bezüglich der Angabe der Leistung von Motoren in kW sei hier noch auf das unter „Begriffserklärungen" auf Seite 15 Gesagte verwiesen.

Da bekanntlich die Drehzahl der meisten Maschinen (mit Ausnahme der Synchron-Maschinen und der Gleichstrommaschinen mit Hauptstromwicklung) von der Temperatur abhängt, so ist hier darauf hinzuweisen, daß sich die angegebene Drehzahl auf die warme Maschine bezieht. Bei verschiedenen Maschinenarten ändert sich die Drehzahl in geringem Maße mit der Belastung. Die auf dem Schild angegebene Drehzahl bezieht sich naturgemäß auf die gleichfalls auf dem Schild festgelegte normale Abgabe.

Damit die Fabrikanten nicht gezwungen sind, jeden einzelnen Motor auf die Größe des Leistungsfaktors hin genau zu untersuchen, wurde von den vereinigten Kommissionen seinerzeit ausdrücklich festgesetzt, daß der Mittelwert des betreffenden Modelles angegeben werden darf. Bei den verhältnismäßig geringen Luftabständen, mit denen die hier in Frage kommenden Motoren gebaut werden, machen die geringsten Abweichungen sich im Leistungsfaktor schon geltend, so daß bei einer Serie vollkommen gleichfabrizierter Motoren trotzdem die Leistungsfaktoren der einzelnen Maschinen etwas abweichen. Es bedeutet also eine erhebliche Vereinfachung, wenn der Mittelwert des Leistungsfaktors der normalen Maschinen gleichmäßig auf alle aufgeschlagen werden kann.

Beim Sekundäranker ist nur verlangt, daß Anlaßspannung und Schaltart angegeben werden müssen. Die Angabe der Stromstärke wurde nicht für notwendig erachtet, weil sie leicht ausgerechnet werden kann. Die Kenntnis dieser Stromstärke ist für die Ausführung der Verbindungsleitungen zwischen Motor und Anlasser aber von Bedeutung. Es sei daher hier angegeben, wie sie sich auf einfache Weise ausrechnen läßt.

Bezeichnen wir die Stromstärke mit J, die Belastbarkeit des Motors in kW mit B, die Anlaßspannung mit A, so ist bei Sekundärankern mit Dreiphasenwicklung

$$J = 1{,}2 \frac{1000\,B}{\sqrt{3}\,A} = 700 \frac{B}{A}.$$

Der Faktor 1,2 ist eingesetzt worden zur Berücksichtigung der Streuung. Er ist absichtlich hoch gewählt, um auch für ungünstige Fälle ausreichende Bemessung der Leitungen zu sichern. Im Falle die Stromstärke im Sekundäranker auf Grund von Angaben des Fabrikanten bekannt ist, ist selbstverständlich dieser Wert der Bemessung der Leitungen und nicht etwa der durch vorstehende Näherungsformel ermittelte zugrunde zu legen.

Bei Sekundärankern mit Zweiphasenwicklung kann verkettete Schaltung (3 Schleifringe) und unverkettete Schaltung (4 Schleifringe) angewendet werden. Da bei verketteter Schaltung Verwechslungen zwischen der Spannung einer Phase und der verketteten Spannung möglich sind, empfiehlt es sich hier die Stromstärken in den drei Leitungen (es treten hier zwei verschiedene Stromstärken auf) vom Fabrikanten angeben zu lassen.

Bei der Parallelschaltung von Drehstromtransformatoren sind vielfach Schwierigkeiten dadurch entstanden, daß infolge verschiedenen Wicklungssinnes und verschiedener Schaltungsart ein Parallelbetrieb nicht möglich war, ohne Änderungen an dem Drehstromtransformator vorzunehmen. Es sei hier auf die Arbeiten von Dr. Stern, ETZ 1907, Seite 981 und von Faye-Hansen, ETZ 1908, Seite 1081 hingewiesen. Die Kommission hatte die Angelegenheit einer eingehenden Bearbeitung unterzogen und infolgedessen schon im Jahre 1909 eine Ergänzung in Vorschlag gebracht. Durch die Einteilung in drei Gruppen ist eine außerordentliche Übersichtlichkeit über die verschiedenen möglichen Schaltungen erzielt worden, so daß man sich stets leicht klar darüber werden kann, ob ein neu hinzuzustellender Transformator mit einem alten vorhandenen Transformator parallel arbeiten kann oder nicht, bzw. wie man den neu hinzuzustellenden einzurichten hat, damit er mit dem vorhandenen parallel arbeiten kann.

Während früher in den Normalien 12 normale Schaltarten für Transformatoren angegeben waren, ist die Zahl jetzt auf 9 reduziert worden, und zwar hat man dies getan, weil man nur solche Schaltungen aufnehmen wollte, bei welchen ein richtiges Parallel-Arbeiten durch Verbindung gleichnamiger Klemmen erzielt wird. Die früher angegebenen 12 Schaltungen enthielten tatsächlich auch noch nicht alle möglichen Fälle. Im ganzen sind 21 verschiedene Kombinationen denkbar, von denen allerdings 2 keine praktische Bedeutung haben. Aber auch 10 andere Schaltungen kommen verhältnismäßig wenig vor, so daß die Kommission sich entschlossen hat, in Zukunft nur noch die 9 praktisch wichtigsten Schaltungen in den Normalien selbst festzulegen und nur in den Erläuterungen noch 3 weitere Schaltungen, welche unter die Gruppe c fallen, zu berücksichtigen. In jeder der 3 Gruppen a, b und c

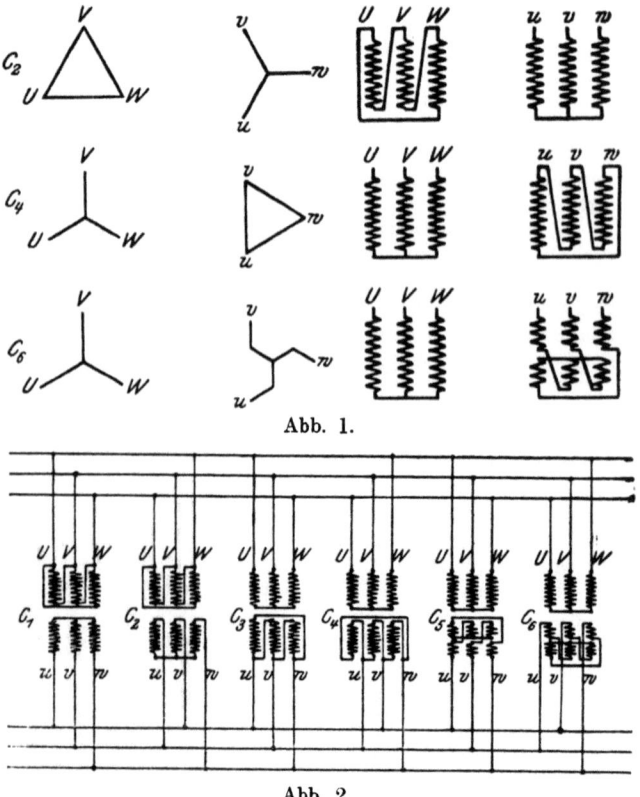

Abb. 1.

Abb. 2.

sind 3 normale Schaltungen angegeben. Die Klemmenbezeichnungen in diesen 3 Gruppen sind so gewählt, daß die Parallelschaltung von Transformatoren gleicher Gruppen durch die Verwendung gleichbezeichneter Klemmen stattfinden kann. In die Gruppe c gehören nun noch 3 weitere Schaltungsarten c_2, c_4, c_6, die in Abb. 1 dargestellt sind. Diese lassen sich zwar auch mit den anderen Schaltungsarten in Gruppe c parallel schalten, aber nicht durch Verbindung gleichnamiger Klemmen, sondern es müssen 2 Primärklemmen vertauscht werden. Die Methode der Parallelschaltung von Transformatoren der Gruppe c zeigt Abb. 2. Es wird empfohlen, die Schaltungsarten c_2, c_4, c_6 in Zukunft möglichst nicht mehr anzuwenden, damit das Prinzip der Parallelschaltung durch Verbindung gleichnamiger Klemmen gewahrt bleibt.

Bei Spartransformatoren kann man in gewissen Fällen zweifelhaft sein, was als Belastbarkeit anzugeben ist. Die Kommission hat sich dahin entschieden, daß diejenige zu gelten hat, welche sich in der Sekundärwicklung ergibt, wenn man sich die Wicklungen getrennt denkt. Bei regulierbaren Spartransformatoren gilt der höchste Wert.

Da bei der Bezeichnung der Klemmen von Maschinen und Transformatoren leicht Irrtümer vorkommen können, wird in jedem Falle empfohlen, sich von der Richtigkeit der Klemmenbezeichnung durch Zwischenschalten von Lampen, Voltmetern, Sicherungen für geringe Stromstärke usw. zu überzeugen.

Betriebsart.

§ 4.

Es sind folgende Betriebsarten zu unterscheiden:

a) der **Dauerbetrieb**, bei dem die Belastbarkeit der Maschine oder des Transformators beliebig lange Zeit innegehalten werden kann, ohne daß die Temperatur und die Temperaturzunahme die in den §§ 18 und 19 angegebenen Grenzen überschreiten.

b) der **kurzzeitige Betrieb**, bei dem die Belastbarkeit der Maschine oder des Transformators nur während einer vereinbarten Zeit innegehalten werden kann, ohne daß die Temperatur und Temperaturzunahme die in den §§ 18 und 19 angegebenen Grenzen überschreiten.

§ 5.

Für kurzzeitigen Betrieb ist die für die Prüfung vereinbarte Zeit auf dem Schild anzugeben. Bei Fehlen einer Zeitangabe gilt die Belastbarkeit für Dauerbetrieb.

§ 6.

Bei Vereinbarungen für kurzzeitigen Betrieb gelten 10, 30, 60 oder 90 Minuten als normale Betriebszeiten.

§ 7.

Die gleichzeitige Angabe der Belastbarkeit für verschiedene Betriebsarten ist zulässig.

Zu § 4—7. Bezüglich der Maschinen und Transformatoren für kurzzeitigen Betrieb herrschen oft irrige Auffassungen. Es ist z. B. eingewendet worden, daß bei kurzzeitigem Betriebe die Beanspruchung sehr verschieden ist. Es wurde infolgedessen die Möglichkeit bezweifelt, einheitliche Grundlagen für diesen Betrieb festsetzen zu können. Diese Ansicht ist aber nicht richtig. Es handelt sich für den vorliegenden Zweck nur darum, zu präzisieren, was man unter einer Maschine bzw. einem Transformator für kurzzeitigen Betrieb bei einer bestimmten Größe zu verstehen hat, und wie man imstande ist, zu prüfen, ob die versprochene Leistung erreicht wird. **Welche Größen dann für die einzelnen Fälle verwendet werden, hat mit den vorliegenden Festsetzungen nichts zu tun.**

Wenn ein Motor, welcher z. B. bei 60 Minuten Betriebszeit für 20 kW gebaut ist, während der vorgeschriebenen Betriebszeit benutzt wird, so wird seine Temperaturzunahme bei Verwendung von imprägnierter Baumwolle höchstens 50° C betragen. Wird dieser Motor nur kürzere Zeit benutzt, beispielsweise nur 10 Minuten, so wird seine Erwärmung wesentlich geringer sein. Er könnte also für eine Betriebszeit von 10 Minuten mit einer größeren Leistung beansprucht werden, wenn er die zulässige Übertemperatur erreichen sollte, was ja zur Ausnutzung der Materialien und zur Vermeidung einer Verschwendung richtig ist. Der Motor könnte also bei 10 Minuten Betriebszeit vielleicht 40 kW leisten. (Die genaue Bestimmung der Belastbarkeit bei verschiedenen Betriebszeiten hängt von der Bauart ab und kann allgemein nicht angegeben werden. Sie kann aber an Hand von Versuchen bestimmt und auch teilweise berechnet werden z. B. auf Grund der Veröffentlichungen von Oelschläger, ETZ 1900, S. 1058). Braucht man aber nur 20 kW während 10 Minuten Betriebszeit, so ist es möglich, ein kleineres Modell zu wählen. Umgekehrt würde der Motor, wenn man ihn statt mit 60 Minuten Betriebszeit mit 90 Minuten beanspruchen würde, sich übermäßig erwärmen. Will man ihn also 90 Minuten benutzen, so darf er nur weniger belastet werden und er würde beispielsweise nur mit ca. 15 kW beansprucht werden dürfen, wenn er nicht bei dauernder Wiederholung solcher Überlastungen leiden sollte. Braucht man aber einen Motor für 20 kW, so ist es notwendig, ein größeres Modell zu wählen. Damit nun für die verschiedenen Verwendungszwecke nicht immer wieder andere Zahlen für die Betriebszeiten zugrunde gelegt werden, hat die Kommission eine bestimmte

Anzahl von Zahlen hierfür normalisiert, und zwar sind dies die Betriebszeiten von 10, 30, 60 und 90 Minuten. Mit diesen Zahlen wird man in den weitaus meisten Fällen auskommen. Liegt ein besonderer Grund vor, andere Zahlen für die Betriebszeiten zu wählen, so können sie auch genommen werden, doch gilt dann ein solcher Motor in dieser Beziehung als abnormal.

Es ist also auf diese Weise Gelegenheit gegeben, der Eigenart des Betriebes sich anzupassen, trotzdem bezüglich der Leistung, für welche der Motor verkauft worden ist, feste Grundlagen bestehen.

Bei den Motoren für kurze Betriebszeit kommt es häufig vor, daß der ganzen Art des hier in Frage kommenden Betriebes entsprechend vielfach besondere Anforderungen bezüglich Anzugskraft und Überlastung gestellt werden. Solche besondere Anforderungen müssen aber bei der Bestellung dem Hersteller der Maschine besonders bekanntgegeben werden. Sind besondere Vereinbarungen hierüber nicht getroffen, so können auch außergewöhnliche Anforderungen bezüglich Anzugskraft und Überlastung nicht ohne weiteres gestellt werden. Als normale Forderung für das Anzugsmoment solcher Motoren kann gelten:

das 3 fache bei 90 Minuten Betrieb
„ 2,5 „ „ 60 „ „
„ 2,0 „ „ 30 „ „
„ 1,5 „ „ 10 „ „

In Sonderfällen, z. B. bei kleiner Leistung mit kleiner Drehzahl sind kleinere Werte üblich.

Des weiteren ist bei der Bestellung von Motoren für kurzzeitigen Betrieb zu berücksichtigen, daß die jeweilig in Frage kommende Betriebszeit dem Hersteller zuverlässig angegeben wird.

Die Belastbarkeit eines Modells bei kurzzeitigem Betriebe ist stark beeinflußt von der Bauart und von dem Grade der angewendeten Ventilation. Je weniger stark eine Maschine ventiliert ist, um desto höher ist das Verhältnis der Belastbarkeit bei 60-Minuten-Betrieb zu derjenigen bei Dauerbetrieb, bezogen auf gleiche Übertemperatur.

Kommutierung.

§ 8.

Maschinen mit Kommutator müssen bei jeder Belastung bei eingelaufenen Bürsten praktisch funkenfrei laufen, und zwar soll die Bürstenstellung bei Maschinen ohne Wendepole für Belastungsschwankungen von $1/4$-Last bis Vollast, bei Maschinen mit Wendepolen von Leerlauf bis $1 1/4$-Last unverändert bleiben. Maschinen mit betriebsmäßiger Bürstenverstellung sind von dieser letzten Bestimmung ausgenommen.

Zu § 8. Der Bau von Gleichstrommaschinen hat in den letzten Jahren so erhebliche Fortschritte gemacht, daß es auch möglich war, schärfere Bedingungen bezüglich der Kommutierung zu stellen. Schon 1907 wurde verlangt, daß ohne Veränderung der Bürstenstellung von Viertellast bis Vollast die gleiche Bedingung erfüllt wird, wie sie früher für die jeweils günstigste Stellung nur erfüllt zu werden brauchte. Die im Handel befindlichen Maschinen erfüllen diese Forderung, da ihre Bürstenstellung im allgemeinen zwischen Viertellast und Vollast nicht verändert werden braucht. Die Bürsten werden einer mittleren Belastung entsprechend eingestellt, so daß sie praktisch funkenfrei zwischen Viertellast und Vollast arbeiten.

Bei der letzten Änderung der Normalien ist man nun noch weiter gegangen und hat bei Maschinen mit Wendepolen verlangt, daß bei ihnen die Bürsten von Leerlauf bis $1^1/_4$ fache Last unverändert bleiben sollen. Die wesentliche Änderung, welche aber gegen früher vorgenommen wurde, besteht darin, daß jetzt lediglich der Ausdruck „praktisch funkenfrei" gebraucht worden ist, während man früher die zu stellenden Anforderungen dadurch festgelegt hatte, daß eine Behandlung des Kommutators mit Glaspapier erst nach 24 Stunden erforderlich war. Die Angabe einer bestimmten Zeit, innerhalb welcher eine Behandlung des Kommutators notwendig ist, hat zu Schwierigkeiten geführt, die durch die Änderung vermieden werden sollten.

In solchen Betrieben, wo eine Veränderung der Belastung ausgeschlossen ist, kann es überflüssig sein, eine derartige Bestimmung für konstante Stellung der Bürsten aufzustellen. In diesem Falle kann es unter Umständen zweckmäßiger sein, eine Maschine, die Bürstenverschiebung bei veränderlicher Belastung erfordern würde, zu verwenden, da sie kleiner, und demzufolge billiger, hergestellt werden kann. Ist die Bestellung ausdrücklich so erfolgt, daß Bürstenverschiebung bei Veränderung der Belastung zulässig ist, so muß bei der Prüfung die Bestimmung des § 8 ausgeschieden werden.

Es scheint vereinzelt die Ansicht verbreitet zu sein, daß Maschinen, welche mit geschwächtem Felde arbeiten (z. B. Akkumulatorenlademaschinen und Zusatzmaschinen), der Bedingung, wonach die Bürstenstellung für Belastungsschwankungen von ein viertel Last bis Vollast bzw. Leerlauf und $1^1/_4$-Last unverändert bleiben soll, nicht zu genügen brauchten. Auf eine diesbezügliche Anfrage bei der Maschinennormalienkommission wurde festgestellt, daß diese Ansicht unzutreffend ist und daß die Bestimmungen des § 8 auch für Maschinen mit geschwächtem Felde gelten, sofern nicht bei der Bestellung ausdrücklich eine Ausnahme gemacht ist, dahingehend, daß Bürstenverschiebung zulässig ist. Die Kommission steht prinzipiell auf dem Standpunkte, daß jede Gleichstrommaschine, bei deren Bestellung bzw. Offerte kein besonderer Vorbehalt gemacht ist, zwischen ein Viertel Last und Vollast bzw. Leerlauf und $1^1/_4$-Last ohne Bürstenverstellung muß laufen können. Wie der Fabrikant dies bei Maschinen mit geschwächtem Felde erreicht, ist seine Sache, da genügende Hilfsmittel hierfür zur Verfügung stehen. Es soll damit nicht gesagt sein, daß unbedingt auch immer Maschinen ohne Bürstenverstellung für diesen Zweck verwendet werden sollen. Es kann unter Umständen vollkommen genügen, bei Vorhandensein einer ausreichenden Wartung eine Maschine mit Bürstenverstellung zu verwenden, worauf jedoch der Abnehmer aufmerksam gemacht werden muß.

Unter dem Ausdruck „Maschinen mit betriebsmäßiger Bürstenverstellung" sollen solche verstanden werden, bei denen die Bürstenverstellung zur Erfüllung der Funktionen notwendig ist. Hierunter gehören z. B. Drehstrom-Kommutatoren und Einphasen-Motoren, bei welchen die Regulierung der Drehzahl durch Bürstenverschiebung erzielt wird.

Bei Wechselstrom-Kommutator-Motoren kommt es zuweilen vor, daß unter den Bürsten geringe Funken wahrzunehmen sind, die jedoch den Kommutator nicht angreifen. In diesem Falle würde die Maschine als zulässig zu erachten sein, da ja praktisch ein Nachteil nicht eintritt.

Temperaturzunahme.

§ 9.

Die Temperaturzunahme von Maschinen und Transformatoren ist bei normaler Belastung zu messen:

1. Bei Dauerbetrieb nach Eintreten einer annähernd gleichbleibenden Übertemperatur, jedoch bei Maschinen spätestens nach 10 Stunden.

2. Bei kurzzeitigem Betrieb vom kalten Zustand (Temperatur der Umgebung) ausgehend nach Ablauf der auf dem Schild angegebenen Betriebszeit.

§ 10.

Bei der Prüfung auf Temperatur und Temperaturzunahme dürfen die betriebsmäßig vorgesehenen Umhüllungen, Abdeckungen, Ummantelungen usw. nicht entfernt, geöffnet oder erheblich verändert werden.

§ 11.

Eine etwa durch den praktischen Betrieb hervorgerufene und bei der Konstruktion in Rechnung gezogene Kühlung darf bei der Prüfung nachgeahmt werden, jedoch ist es nicht zulässig, bei Straßenbahnmotoren den durch die Fahrt erzeugten Luftzug bei der Prüfung künstlich herzustellen.

§ 12.

Als „Temperatur der Umgebung" gilt der Mittelwert der während des letzten Viertels der Versuchszeit in regelmäßigen Zeitabschnitten zu messenden Temperatur der umgebenden Luft in Höhe der Maschinenmitte und in etwa 1 m Entfernung von der Maschine.

§ 13.

Bei Maschinen und Transformatoren mit künstlicher Luftkühlung gilt als „Temperatur der Umgebung" die Temperatur der zuströmenden Luft, gemessen beim Eintritt in die Maschine oder den Transformator.

Bei Maschinen und Transformatoren mit Kühlung durch Flüssigkeiten gilt als „Temperatur der Umgebung" die Temperatur des zuströmenden Kühlmittels.

Findet außer der Wasserkühlung noch eine nennenswerte Kühlung durch Luft statt (z. B. bei Wellblechkasten), so gilt als „Temperatur der Umgebung" die Endtemperatur, auf welche sich die Maschine oder der Transformator unerregt unter der Einwirkung des Kühlmittels einstellt.

§ 14.

Wird ein Thermometer zum Messen der Temperatur verwendet, so muß für eine möglichst gute Wärmeleitung zwischen diesem und dem zu messenden Maschinenteil gesorgt werden, z. B. durch Stanniolumhüllung. Zum Vermeiden von Wärmeverlusten wird außerdem die Kugel des Thermometers und die Meßstelle gemeinsam mit einem schlechten Wärmeleiter (trockener Putzwolle u. dgl.) überdeckt. Bei der Konstruktion der Maschine ist soweit wie möglich darauf Rücksicht zu nehmen, daß ein Thermometer leicht an die Stellen zu bringen ist, deren Temperatur gemäß § 15 zu messen ist.

§ 15.

Alle Teile von Maschinen werden mittels Thermometer auf ihre Temperatur und Temperaturzunahme untersucht, mit Ausnahme der mit Gleichstrom erregten Feldspulen und aller ruhenden Wicklungen.

Bei thermometrischen Messungen sind, soweit wie möglich, jeweilig die zugänglichen Punkte höchster Temperatur zu ermitteln, und die dort gemessenen Temperaturen sind maßgebend.

§ 16.

Die Temperatur der mit Gleichstrom erregten Feldspulen und aller ruhenden Wicklungen bei Generatoren und Motoren ist aus der Widerstandszunahme zu bestimmen. Für den Temperaturkoeffizienten gilt die folgende Tabelle.

Anfangstemperatur, bei der der (kalte) Widerstand gemessen wurde	Temperatur-Koeffizient	Angenäherter reziproker Wert
0° C	0,00427	235 + 0
5° C	0,00417	235 + 5
10° C	0,00409	235 + 10
15° C	0,00401	235 + 15
20° C	0,00393	235 + 20
25° C	0,00385	235 + 25
30° C	0,00378	235 + 30
35° C	0,00371	235 + 35
40° C	0,00364	235 + 40

Neben der Temperaturmessung durch Widerstandszunahme kann zur Ermittlung örtlicher Erwärmung Thermometermessung angewendet werden.

Sind an verschiedenen Teilen einer Wicklung (z. B. Nut und Wickelkopf) verschiedene Isoliermaterialien verwendet, so gilt bei der Thermometermessung für jeden Teil die seinem Isoliermaterial nach § 18 zugeordnete Temperaturgrenze und Temperaturzunahme als zulässig.

§ 17.

Die Temperatur der Wicklungen von Transformatoren ist aus der Widerstandszunahme zu bestimmen. (Temperaturkoeffizient siehe § 16.) Neben der Temperaturmessung durch Widerstandszunahme kann zur Ermittlung örtlicher Erwärmung Thermometermessung angewendet werden.

§ 18.

Die höchsten zulässigen Temperaturen sind in Spalte 2 angeführt.

Es wird angenommen, daß die Temperatur der Umgebung 35° C nicht überschreitet.

Dementsprechend dürfen die Temperaturzunahmen die in Spalte 1 aufgeführten Werte nicht überschreiten.

	1 Höchste zulässige Temperaturzunahme	2 Höchste zulässige Temperatur
a) an Wicklungen, und zwar: an ruhenden Gleichstrom-Magnetwicklungen bei Isolierung durch		
unimprägnierte Baumwolle	50°	85°
imprägnierte Baumwolle, Papier	60°	95°
Emaille, Asbest, Glimmer und deren Präparate	80°	115°
an Transformatoren bei Isolierung durch		
unimprägnierte Baumwolle in Luft	50°	85°
imprägnierte Baumwolle, Papier in Luft	60°	95°
Baumwolle, Papier in Öl	70°	105°
Emaille, Asbest, Glimmer und deren Präparate	80°	115°
Öl an der Oberfläche	60°	95°
an umlaufenden Wicklungen oder in Nuten eingebetteten Wechselstromwicklungen bei Isolierung durch		
unimprägnierte Baumwolle	40°	75°
imprägnierte Baumwolle	50°	85°

	1 Höchste zulässige Temperaturzunahme	2 Höchste zulässige Temperatur
Baumwolle mit Füllmasse innerhalb der Nuten sowie Papier	60°	95°
Emaille, Asbest, Glimmer und deren Präparate	80°	115°
b) an Kommutatoren von Maschinen über 10 Volt	55°	90°
c) an Kommutatoren von Maschinen bis einschl. 10 Volt	60°	95°
d) an Eisen von Generatoren und Motoren, in das Wicklungen eingebettet sind und an Schleifringen je nach Isolierung der Wicklung bzw. der Schleifringe die Werte unter a);		
e) an Lagern	45°	80°

§ 19.

Bei Maschinen und Transformatoren für Bahn- und Kraftfahrzeuge dürfen die nach einstündigem ununterbrochenem Betriebe mit normaler Belastung im Versuchsraum ermittelten Temperaturen und Temperaturzunahmen die in § 18 angegebenen Werte um 20° C überschreiten. Ausgenommen hiervon sind die Lager.

§ 20.

Bei Isolierungen, die aus verschiedenen Materialien geschichtet sind, gilt die untere Grenze.

§ 21.

Bei dauernd kurzgeschlossenen isolierten Wicklungen dürfen die in § 18 angegebenen Werte um 10° C überschritten werden.

Bei Abfassung der vorliegenden Bestimmungen war man sich vollkommen der Tatsache bewußt, daß bei sehr großen Maschinen nach 10 Stunden in bezug auf Temperatur noch kein ganz gleichbleibender Wert erreicht ist. Man ist dennoch bei der Festsetzung der Stundenzahl von 10 geblieben, und zwar aus nachfolgenden Gründen. Die Angabe einer bestimmten Stunden-

Zu § 9.

zahl ist sehr zweckmäßig, da über die Länge der Dauerprobe leicht Meinungsverschiedenheiten zwischen Fabrikant und Abnehmer entstehen können und in solchen Fällen die Abnahmeversuche in unangenehmster Weise verlängert werden könnten.

An den rotierenden Teilen ist es nicht möglich, ständig Temperaturmessungen vorzunehmen, so daß man nicht sicher feststellen kann, wann die Erwärmung sich nicht mehr ändert. Infolgedessen werden manchmal ungewöhnlich lange Dauerproben verlangt, was aber leicht zu Schwierigkeiten führen kann. Hinzu kommt noch, daß selbst bei sehr großen Maschinen die Zunahme nach der zehnten Stunde nur noch sehr geringfügig ist. Ein erheblicher Fehler wird dadurch bei modernen Maschinen kaum entstehen.

Es ist andrerseits zu beachten, daß die Zeit von 10 Stunden für kleine und mittlere Maschinen viel zu lang ist. Die Dauerproben werden bei solchen Maschinen fast immer kürzer sein können.

Infolgedessen wird bei kleineren Maschinen eine Abkürzung der Versuchsdauer zugelassen, wenn es sicher feststeht, daß ein gleichbleibender Wert der Temperatur früher als in 10 Stunden erreicht wird. Es wäre zwecklos, wollte man eine Dynamo von vielleicht 5 kW Leistung 10 Stunden lang prüfen. Die richtige Temperatur einer solchen Maschine ist, wenn sie stark ventiliert ist, nach 2 Stunden erreicht, so daß man, wenn man die Probe $2^{1}/_{2}$—3 Stunden durchführt, bestimmt einen Fehler ausschließt. Aber auch bei mäßiger Ventilation wird es genügen, die Dauerprobe 3—4 Stunden und bei geschlossener Bauart sie 5—6 Stunden währen zu lassen.

Man kann sich aber auch bezüglich des Eintretens des gleichbleibenden Wertes der Temperatur an feststehenden Maschinenteilen dadurch vergewissern, daß man Thermometer anbringt oder bei Gleichstrommaschinen in Zwischenräumen den Widerstand der Magnetwickelung feststellt. Bei rotierenden Maschinenteilen kann man ihn dadurch angenähert ermitteln, daß man die aus der Maschine herauskommende warme Luft mißt und feststellt, ob ihre Temperatur sich nicht mehr ändert. Tritt dies nicht mehr ein, dann ist der richtige Wert der Temperaturzunahme der Maschine wahrscheinlich erreicht.

Vielfach wurde vorgeschlagen, für kleine, mittlere und große Maschinen verschiedene Stundenzahlen für die Dauerproben vorzuschreiben. Die Durchführung einer solchen Bestimmung würde jedoch große Schwierigkeiten ergeben, so daß man von derselben abgesehen hat.

Die Vorschrift, daß die Dauerproben nach Eintreten einer annähernd gleichbleibenden Übertemperatur abgebrochen werden können, ist weit klarer als das Vorsehen verschiedener bestimmter Zeiten für verschieden große Maschinen, weil außer der Belastbarkeit auch noch die Drehzahl, die Bauart usw. die Größe der Maschine bestimmt.

Bei Transformatoren ist die Ermittlung des gleichbleibenden Wertes der Temperatur bequem und sicher durchzuführen, weil alle Teile feststehen. Es wurde daher bei diesen vorgeschrieben, die Prüfung so lange auszudehnen, bis dieser Wert erreicht ist; es ist dies umsomehr hier berechtigt, als sie vielfach dauernd im Betriebe (wenn auch nicht immer mit voller Belastung) sind, so daß es bei ihnen leicht eintreten kann, daß der gleichbleibende Wert der Temperatur im Betriebe wirklich erreicht wird.

Bei Maschinen mit veränderlicher Spannung oder bei Maschinen mit veränderlicher Umdrehungszahl können leicht Unklarheiten über die Ausführung der Versuche betreffend Temperaturzunahme entstehen. In solchen Fällen wird es sich, wenn die Arbeitsbedingungen der Maschine nicht vorher festgelegt sind, empfehlen, besondere Vereinbarungen vor Ablieferung zu treffen. Bei einer großen Gruppe von Maschinen, den sogenannten Zusatzmaschinen (Maschinen zur Ladung von Akkumulatoren) dagegen liegen die Verhältnisse stets gleichartig, da der Arbeitsvorgang ein ganz bestimmter ist. In solchen Fällen ist es das einfachste, die Prüfung betreffend Einhaltung der Temperaturzunahme auf einen normalen Arbeitsvorgang zu erstrecken. Es würde also in solchen Fällen sich empfehlen, eine normale Batterieladung durchzuführen und zu messen, ob die Temperaturzunahme nach einer solchen innerhalb der zulässigen Grenzen bleibt. In solchen Fällen wäre es ja zwecklos, die Maschine 10 Stunden lang mit der höchsten Spannung laufen zu lassen; dadurch würden sehr große Maschinen notwendig werden, die sehr teuer würden, ohne daß der Abnehmer davon einen Vorteil hätte. Er würde sogar einen Nachteil haben dadurch, daß die Maschinen stets mit verhältnismäßig niedriger Ausnutzung und infolgedessen niedrigem Wirkungsgrad arbeiten.

Ganz ähnliche Fälle ergeben sich unter Umständen bei elektrischen Antrieben. Wenn z. B. eine Pumpe ein Gefäß zu entleeren hat, so daß mit zunehmender Betriebszeit die Förderhöhe steigt, so nimmt die Belastung des Motors allmählich zu. Es würde in solchen Fällen zwecklos sein, die am Ende des Arbeitsvorganges vorhandene höchste Belastung für die Ermittlung der Temperaturzunahme zugrunde zu legen. Diese höchste Belastung ist nur ganz kurzzeitig vorhanden, so daß es entweder richtig ist, die mittlere Belastung bei der Prüfung auf Temperaturzunahme in Anwendung zu bringen, oder aber einen vollkommenen Arbeitsvorgang nachzuahmen, wenn man nicht die Temperatur-Messung direkt auf Grund des richtigen Betriebes ausführen kann.

Auch bei Motoren mit durch Nebenschlußregulierung veränderlicher Drehzahl können leicht Differenzen auftreten. Dem stärksten Felde entspricht bekanntlich die niedrigste Drehzahl, bei der aber die Ventilation am schwächsten ist. Es kann somit leicht der Fall eintreten, daß die Temperaturzunahme bei niedriger Drehzahl höher ist, als bei höherer Drehzahl. Auch hier werden, wenn der Arbeitsvorgang kein bestimmter ist, und vorher keine besonderen Abmachungen getroffen sind, der Prüfung zweckmäßigerweise die mittleren Verhältnisse zugrunde gelegt.

Bezüglich der Feststellung der Temperaturzunahme bei schnellaufenden Maschinen, bei denen oft die Wicklung infolge der notwendigen Kappen usw. unzugänglich ist, sei auf das bei § 15 Gesagte verwiesen.

Die Erwärmungen, welche sich bei Maschinen ergeben, werden in geringem Maße beeinflußt von dem vorhandenen Luftdruck. Infolgedessen können sich Unterschiede in der eintretenden Erwärmung ergeben, wenn die Höhe über dem Meeresspiegel, auf welcher die Maschine aufgestellt werden soll, sehr stark von der Höhe des Versuchsortes abweicht. Es können hierbei natürlich nur sehr große Höhendifferenzen von Einfluß sein. Um einen Anhaltspunkt zu bieten, welchen Einfluß der Luftdruck auf die eintretende Erwärmung hat, seien nachstehend Zahlen wiedergegeben, wie sie von der Maschinennormalien-Kommission des American Institute of Electrical Engineers mitgeteilt worden sind.

Luftdruck cm Quecksilber	Höhe über Meeresspiegel (m)	Erwärmung °C
80	0	29
75	100	29
70	700	29,5
65	1300	30
60	2000	31
55	2800	32,5

Zu § 10. In manchen Fällen macht die Einführung eines Thermometers Schwierigkeiten, so daß eine Veränderung an der Maschine bzw. am Transformator notwendig wird. Eine solche Änderung muß jedoch so vorgenommen werden, daß dadurch die Temperaturzunahme nicht beeinflußt wird.

Zu § 11. Von vornherein vorgesehene künstliche Kühlung darf nachgeahmt werden, außer bei der Prüfung von Straßenbahnmotoren. Diese Bestimmung ist hereingenommen worden, weil die Kühlung während der Fahrt in vielen Fällen nicht erheblich und in bezug auf ihre Größe schwer kontrollierbar ist. Es sei hier noch hervorgehoben, daß die Ausnahme sich nur auf Straßenbahnmotoren bezieht, während im § 19 alle Motoren für Bahn- und Kraftfahrzeuge gleich behandelt sind.

Die Entfernung von etwa 1 m wurde gewählt, um eine Beeinflussung des Thermometers durch direkte Strahlung zu verhindern. Wenn die Innehaltung dieser Entfernung nicht durchführbar ist, so ist die Messung natürlich auch in geringerem Abstand zulässig, wenn man in der Lage ist, die direkte Strahlung mit Sicherheit zu verhindern. **Zu § 12.**

Gewisse Schwierigkeiten bieten sich bei der Feststellung der Temperatur der Umgebung in solchen Fällen, wo eine große Maschine in einem verhältnismäßig kleinen Raum untergebracht ist, so daß die Raumtemperatur stark durch die Verluste der Maschine beeinflußt wird. Es wird dann die aus der Maschine austretende Luft bald wieder auf der anderen Seite eingesaugt werden und in die Maschine wieder eintreten, so daß die ganze Maschine von einer warmen Lufthülle umgeben ist. In solchen Fällen wird es dem Sachverständigen obliegen, die für normale Verhältnisse vorgesehenen Methoden zur Messung der Temperatur der Umgebung den örtlichen Verhältnissen entsprechend abzuändern. Man kann sich beispielsweise in solchen Fällen, wo die aus der Maschine austretende Luft gleich wieder eingesaugt wird, dadurch helfen, daß man das Thermometer an einer Stelle anbringt, wo die Luftströmung eine derartige ist, daß von etwas weiter gelegenen Stellen her Luft der Maschine zuströmt. Jedenfalls wird es unter solchen Umständen notwendig sein, von Fall zu Fall die Temperatur der Umgebung in der zweckmäßigsten Weise zu ermitteln. Man kann sich auch dadurch helfen, daß man die Temperatur der Umgebung nach Abstellen der Maschine feststellt, so daß also der letzte Satz des § 13 nicht berücksichtigt wird, wenn keine andere Möglichkeit zur Ermittlung der richtigen Temperatur vorliegt.

Es sind auch Zweifel aufgetaucht, wie bei sehr langen Maschinen der Abstand von 1 m zu rechnen ist, insbesondere, von welcher Stelle der Maschine aus diese Entfernung gemessen werden soll. Auch hier ist es schwer möglich, eine allen Fällen angepaßte Bestimmung zu treffen, so daß der Sachverständige die Entscheidung den jeweiligen Verhältnissen entsprechend zu treffen haben wird. Maßgebend wird aber immer derjenige Teil der Maschine sein, in den die frische Luft eintritt. Da dieser Punkt meistens ziemlich genau feststellbar ist, so wird es in der Regel möglich sein, von diesem aus nun die Entfernung von 1 m, und zwar wiederum in der mittleren Richtung der Luftströmung, festzulegen.

Bei Verwendung von Thermometern zur Temperaturmessung muß man darauf achten, daß eine innige Berührung zwischen dem Thermometer und dem zu messenden Maschinenteile stattfindet. **Zu § 14.**

Schon beim Bau der Maschine kann man Vorsorge treffen, daß später die Messungen zweckentsprechend ausgeführt werden können, indem man an geeigneten Stellen Vertiefungen oder besondere Öffnungen anbringt, die man eventuell mit Öl oder Quecksilber ausfüllen kann. Dieselbe Vorsichtsmaßregel kann auch bei rotierenden Maschinen angewendet werden, in diesem Falle muß das in die Öffnung einzubringende Öl oder Quecksilber vorher auf annähernd die gleiche Temperatur gebracht werden, die der zu messende Maschinenteil voraussichtlich haben wird.

Es sei hier darauf aufmerksam gemacht, daß man bei Messungen mit Quecksilber-Thermometern unter Umständen vorsichtig sein muß. Legt man das Thermometer an einer Stelle ein, wo infolge von Streuung Kraftlinien vorhanden sind, so können unter Umständen im Quecksilber Ströme erzeugt werden und dadurch wird das Thermometer eine höhere Temperatur anzeigen. In solchen Fällen kann das Thermometer wohl ohne weiteres dazu benutzt werden, anzuzeigen, wann der konstante Zustand eingetreten ist, jedoch muß, wenn dies der Fall ist, das Thermometer, nachdem die Maschine bzw. der Transformator abgestellt ist, herausgenommen, auf eine etwas niedrigere Temperatur gebracht und dann wiederum zur Vornahme der eigentlichen Messungen an dieselbe Stelle angelegt werden. Ergibt sich dann ein etwas niedrigerer Wert wie vorher, so ist dieser natürlich maßgebend. In solchen Fällen ist die Verwendung von Alkohol-Thermometern vorzuziehen, falls dies mit Rücksicht auf die zu ermittelnde Temperatur möglich ist.

Bei Maschinen besonderer Bauart, z. B. bei schnelllaufenden und stark ventilierten Maschinen, kann es vorkommen, daß die Temperatur des Statoreisens nach Abstellen der Maschine noch erheblich steigt. In solchem Falle würde der höhere Wert für die Berechnung der Temperaturzunahme maßgebend sein.

Zu §§ 15 u. 16. Die in §§ 15 und 16 enthaltenen Bestimmungen sind von äußerster Wichtigkeit. Es ist darin festgelegt worden, daß Feldspulen, welche mit Gleichstrom erregt werden, und alle ruhenden Wickelungen bei Generatoren und Motoren durch ihre Widerstandszunahme auf die Temperaturerhöhung untersucht werden, während alle anderen Teile der Maschinen mittels Thermometer gemessen werden.

Die Durchführung der Temperatur-Messung an mit Gleichstrom erregten Feldspulen vollzieht sich auf diese Weise sehr einfach, indem man am Anfang und am Schluß der Dauerprobe den durch die Feldspulen fließenden Strom und den an denselben herrschenden Spannungsabfall feststellt. Man hat dadurch gleichzeitig auch noch einen weiteren Vorteil erreicht, welcher sich aus nachfolgenden Betrachtungen ergibt. Bekanntlich kann man weder bei Ankern, noch bei Feldspulen die höchste (im Innern) herrschende Temperatur direkt messen (wenn man nicht Hilfswickelungen, Thermo-Elemente usw. benutzt). Bestimmt man die Erwärmung durch Thermometer, so mißt man annähernd die niedrigste Temperatur, während man mit der Messung durch Widerstandszunahme einen Wert erhält, der zwischen der höchsten und niedrigsten Temperatur liegt und welcher hier zur Abkürzung als mittlere Temperatur bezeichnet werden soll. Bei rotierenden Ankern ist nun bekanntlich das Verhältnis von äußerer (geringster) Temperatur zu innerer (höchster) Temperatur im allgemeinen bedeutend kleiner als bei Feldspulen, da letztere gewöhnlich erheblich größere Wickelungstiefen besitzen. Würde man also Anker sowohl wie Feldspulen durch Spannungsabfall messen und die gleichen Grenzen für die Temperaturzunahmen zulassen, so würden entweder die Anker zu ungünstig oder die Spulen zu günstig beurteilt werden. Dadurch nun, daß man bei Spulen nicht die äußere, sondern die mittlere Temperatur feststellt, werden die Verhältnisse ungefähr gleichmäßig, so daß man bei gleichen zulässigen Temperaturerhöhungen annähernd auf die gleichen Maximaltemperaturen im Innern kommt.

Das vorstehend Gesagte gilt für Anker von Gleichstrommaschinen und für rotierende Anker von Wechselstrommaschinen. Anders ist dies bei feststehenden Ankern von Wechselstrommaschinen, insbesondere bei solchen für direkte Kupplung mit langsamlaufenden Kraftmaschinen. Im allgemeinen arbeitet man bei diesen mit großen Umfangsgeschwindigkeiten mit Rücksicht auf die Unterbringung der vielen Pole. Daraus ergibt sich, daß man gegenüber den Gleichstrommaschinen mit erheblich größeren Ankerdurchmessern arbeitet und infolgedessen erheblich kürzere Maschinen bekommt, als bei Gleichstrom. Da nun des weiteren Wechselstrom- und Drehstrommaschinen mit feststehendem Anker in der Regel für höhere Spannungen gebaut werden, und somit die Isolationen zwischen Kupfer und Eisen ziemlich bedeutende Wandstärken erhalten, so tritt kein so vollkommener Ausgleich der Wärme zwischen Kupfer und Eisen ein. Infolge der meist sehr kurzen Anker liegt der größte Teil des Ankerkupfers an dem Kopfe, wo dasselbe gut ventiliert ist, und so kann der Fall eintreten, daß dieses am Kopf freiliegende Kupfer sehr kalt und das im Eisen eingebettete Kupfer verhältnismäßig warm ist, da ja ein Ausgleich durch die dicke Isolation sehr erschwert ist. Damit nun bei einer solchen Maschine ausgeschlossen ist, daß innerhalb der Nuten eine durch die Isolation gefährliche Temperatur vorhanden ist, während man außen mittels des Thermometers ganz unschädliche Temperaturen ermittelt, wurde die Ermittlung der Temperaturzunahme durch Widerstandsmessung außer auf die mit Gleichstrom erregten Feldspulen auch noch für alle ruhenden Wickelungen vorgeschrieben. In nachstehender Tabelle sind für die am meisten üblichen Maschinenarten die bei den einzelnen Teilen anzuwendenden Meßmethoden übersichtlich zusammengestellt.

Bauart	Feldspulen	Anker bzw. Primäranker	Sekundäranker
Gleichstrommaschinen und Umformer	Widerstandszunahme	Thermometer	—
Wechsel- bzw. Drehstromgeneratoren und Synchronmotoren mit feststehendem Anker	Widerstandszunahme	Widerstandszunahme	—
Wechsel- bzw. Drehstromgeneratoren und Synchronmotoren mit rotierendem Anker	Widerstandszunahme	Thermometer	—
Asynchrone Motoren mit feststehendem Primäranker	—	Widerstandszunahme	Thermometer
Asynchrone Motoren mit rotierendem Primäranker	—	Thermometer	Widerstandszunahme
Transformatoren		Widerstandszunahme	

Der zweite Absatz von § 15 soll sich in der Hauptsache auf die Messungen an Ankern, welche in axialer Richtung beträchtliche Ausdehnung besitzen, und bei denen infolgedessen erhebliche Unterschiede in der Erwärmung an den einzelnen Stellen herrschen können, beziehen.

Die Feststellung der Temperaturzunahme bei besonders schnellaufenden Maschinen, also bei Dynamos für direkte Kupplung mit Dampfturbinen, bei Motoren zur direkten Kupplung mit Zentrifugalpumpen und ähnlichen Maschinen, bietet zuweilen Schwierigkeiten.

Da es aber im eignen Interesse der fabrizierenden Firma liegt, daß die Temperatur der einzelnen Teile einwandsfrei ermittelt werden kann, so erachtete die Kommission es für genügend, wenn an dieser Stelle ausdrücklich darauf hingewiesen wird, daß bei solchen Maschinen, bei denen die Wickelung durch Kappen usw. unzugänglich ist, entsprechende Einrichtungen durch Anbringung von Löchern usw. getroffen werden, um die Messung der Wickelung zu ermöglichen. Durch geeignete Formgebung dieser zum Messen dienenden Löcher ist es möglich, ein Verschmutzen der Wickelung zu vermeiden. In solchen Fällen, wo jedoch eine besondere Einrichtung zur Erleichterung der Temperaturmessung nicht angebracht werden kann, wird die Messung der Temperatur der Schutzhaube, da sie im allgemeinen von der Temperatur der Wickelung nicht wesentlich abweichen wird, als genügend erachtet. Nach längerer Betriebszeit wird ein Ausgleich in der Temperatur zwischen Wickelung und Schutzhaube stets eintreten. Übrigens sind bei derartig schnellaufenden Maschinen in den meisten Fällen die Eisenverluste höher als diejenigen im Ankerkupfer, so daß die Temperatur der Ankerbleche vielfach höher sein wird als diejenige der Wickelung und also nach § 15 die Messung der Eisentemperatur maßgebend sein würde.

Bei diesen schnellaufenden Maschinen, wie auch bei Umformern, namentlich bei solchen, die mit Schwungmasse besonders versehen sind, ergeben sich hin und wieder insofern Schwierigkeiten bei der Ausführung der Temperaturmessung, als eine lange Zeit vergeht, bis die Maschine zum Stillstand kommt. Es kann dann unter Umständen schon eine Abkühlung eingetreten sein, bevor man die Temperaturmessung durchführen kann, so daß man zu niedrige Werte erhält. Man kann sich dann dadurch helfen, daß die Maschine während des ersten Teiles der Auslaufsperiode erregt wird. Eventuell kann man auch noch weiter gehen und die Maschine während der Auslaufszeit belasten. Bei Dynamos, für deren Abnahme ein Belastungswiderstand verwendet wird, ist dies leicht durchführbar. In anderen Fällen kann man sich aber durch Herstellung eines provisorischen Wasserwiderstandes helfen, der der abnehmenden Drehzahl entsprechend leicht geändert werden kann, so daß man stets eine möglichst hohe Belastung der Maschine erzielt. Durch diese Mittel erreicht man zunächst ein schnelleres Stillsetzen der zu messenden Maschine, und außerdem wird während der kürzeren Auslaufszeit auch noch Wärme erzeugt, so daß also in doppelter Beziehung die Verhältnisse günstiger gestaltet werden.

Bei gekapselten Wechselstrommotoren ist es unter Umständen nicht möglich, mittelst Thermometer zu messen. Die Kommission ist nun der Ansicht, daß es in diesem Falle zulässig ist, die Erwärmung durch Widerstandszunahme zu ermitteln.

Von der Feststellung des Temperaturkoeffizienten, die früher freigestellt war, ist jetzt abgesehen worden, weil tatsächlich von dieser Möglichkeit in der Praxis nie Gebrauch gemacht worden ist.

Dafür ist an Stelle des früher angegebenen Wertes, welcher nur für 15° C Geltung hatte, jetzt eine Tabelle getreten, welche den Temperaturkoeffizienten von Kupfer für 0 bis 40° C angibt. Es ist außerdem noch der angenäherte reziproke Wert hinzugefügt worden, welcher den Vorteil hat, daß man ihn leicht im Gedächtnis behalten kann. Wie man sieht, ist die zu der Zahl 235 zu addierende Zahl immer gleich der Anfangstemperatur. Man kann infolgedessen unter Benutzung dieser Regel den Temperaturkoeffizienten für jede Temperatur sich leicht ausrechnen, wenn man die Tabelle gerade nicht zur Hand hat. Die Abweichungen zwischen dem so ermittelten angenäherten Wert und dem wirklichen sind sehr gering.

Bei der Durchführung der Dauerproben wird es oft vorkommen, daß die Temperatur der Umgebung am Schluß eine andere ist wie zu Anfang. In solchem Fall ist bei Ermittlung der Temperaturzunahme der einzelnen Teile mittelst Widerstandszunahme Vorsicht notwendig, da dann der im kalten Zustand gemessene Widerstand nicht ohne weiteres in die Rechnung eingesetzt werden darf. Es ist notwendig, den vor Beginn der Dauerprobe in kaltem Zustand gemessenen Widerstand erst auf diejenige Temperatur der Umgebung umzurechnen, welche am Schluß der Dauerprobe herrscht. Bei der Berechnung der Temperaturzunahme ist dann naturgemäß auch als Temperaturkoeffizient derjenige einzusetzen, welcher dem Endwert der Temperatur der Umgebung entspricht. An Hand von einigen Zahlen soll der Rechnungsgang noch erläutert werden.

Der bei Beginn der Dauerprobe bei einer Temperatur der Umgebung von 20° C festgestellte Widerstand einer Wicklung sei 1 Ohm. Der Widerstand der Wicklung am Ende der Dauerprobe ist zu 1,2 Ohm festgestellt worden bei einer Temperatur der Umgebung von 30° C. Es ist dann zunächst der Anfangswiderstand umzurechnen auf die Umgebungstemperatur von 30° C. Gemäß Tabelle beträgt der Temperaturkoeffizient bei 20° C, bei welcher die Messung des kalten Widerstandes gemacht war, 0,00393. Der Widerstand würde demnach bei 30°C 1,0393 Ohm gewesen sein. Die Temperaturzunahme der Wicklung ist infolgedessen

$$\frac{1,2000 - 1,0393}{0,00378} = 42,5°C.$$

Würde man die Änderung der Temperatur der Umgebung gar nicht berücksichtigen, so würde die Berechnung der Temperaturzunahme viel zu hoch ausfallen, indem sich nämlich 51°C ergeben würden. Würde man andererseits die Änderung in der Temperatur der Umgebung einfach in Abzug bringen, so erhielte man wieder eine zu niedrige Temperaturzunahme, nämlich nur 41°C. Letztere Methode, d. h. also die einfache Berücksichtigung der Änderung der Temperatur der Umgebung ohne Anwendung der in Frage kommenden verschiedenen Temperaturkoeffizienten ist infolgedessen nur zulässig, wenn die Änderung in der Temperatur der Umgebung während der Dauerprobe eine sehr kleine gewesen ist. In diesem Falle ist der Fehler, welchen man durch Vernachlässigung der Rechnung macht, klein genug und kommt gegenüber den Meßfehlern nicht mehr in Frage. Bei erheblicher Änderung der Temperatur der Umgebung ist es aber notwendig, die Umrechnungen richtig durchzuführen.

Bei der Ermittlung der Temperaturzunahme ist vorausgesetzt, daß im kalten Zustand die Temperatur der Wicklung gleich derjenigen der Umgebung ist. Das wird in den meisten Fällen zutreffen. Es können aber auch Fälle vorkommen, wo die Temperatur der Wicklung anders ist, als die der umgebenden Luft. Es kann dies z. B. eintreten, wenn der Maschinenraum über Nacht kalt geworden ist, so daß alle darin befindlichen Maschinen eine entsprechend niedrigere Temperatur angenommen haben. Wird dann die Raumtemperatur durch Heizung schnell erhöht, so werden die Maschinen sich nicht so schnell erwärmen und infolgedessen noch eine Zeitlang kälter sein, als die Luft. In solchen Fällen muß die Temperatur der Wicklung mittelst Thermometer festgestellt werden. Bedenken hiergegen können ja nicht auftreten, da in diesem Falle die Temperatur der Spule überall gleichmäßig sein wird. An Stelle der Temperatur der Umgebung ist dann die durch Thermometer ermittelte Temperatur der Spule bei Beginn des Versuchs einzusetzen.

Bei der Messung von Compoundwicklungen und von Wicklungen für Wendepole bei Gleichstrommaschinen wird vielfach die Ermittlung der Temperaturzunahme aus der Widerstandszunahme Schwierigkeiten machen, da die Messung zu kleiner Widerstände in der Anlage öfter schlecht durchführbar ist. Jedenfalls hält es schwer, die nötige Genauigkeit bei einer solchen Messung zu erreichen. Da es sich aber hier gewöhnlich um wenige Windungen handelt, so erscheint es unbedenklich, an Stelle der Ermittlung der Temperaturzunahme aus der Widerstandszunahme diejenige durch Thermometermessung zu setzen.

Zu § 17. Während in den früheren Bestimmungen festgelegt war, daß die Transformatoren mittels Thermometer auf Temperaturzunahme zu prüfen sind, wurde bei der Änderung der Normalien im Jahre 1909 vorgeschrieben, daß die Widerstandszunahme hierfür zu benutzen sei. Veranlaßt wurde diese Änderung hauptsächlich durch die wachsende Verbreitung der Öltransformatoren mit künstlicher Kühlung. Bei diesen waren die alten Bestimmungen nicht mehr als zutreffend zu erachten, weil die Kühlvorrichtung gewöhnlich im oberen Teil des Gefäßes lag, so daß dieser durchaus nicht mehr der wärmste Teil zu sein brauchte. In vielen Fällen wird das Öl in der Nähe der Kühlvorrichtung weniger warm sein als an anderen Stellen des Gefäßes, insbesondere als dasjenige Öl, welches in der Nähe der oberen Wicklungen sich befindet. Durch die neue Meßmethode wäre die Leistung der Transformatoren heruntergesetzt worden bzw. die Dimension des Transformators vergrößert worden, wenn man nur die gleiche Erwärmung zugelassen hätte, wie bei der Messung durch Thermometer. Es lag nun aber kein Anlaß vor, dies zu tun, da mit den bisherigen Transformatoren nur gute Erfahrungen gemacht worden sind. Insbesondere hat sich gezeigt, daß unter Öl die Baumwolle höhere Temperaturen verträgt wie in Luft, weil die Karbonisierung der Baumwolle bei Ausschluß von Luft erst bei erheblich höheren Temperaturen eintritt als in freier Luft. Um nun nicht zu bewirken, daß Öltransformatoren infolge der neu eingeführten Meßmethode größer dimensioniert werden müßten, als notwendig, wurde im § 18 für Baumwollisolierung unter Öl eine höhere Temperaturzunahme zugelassen. Um jeden Zweifel darüber zu beseitigen, daß unter Berücksichtigung der Änderung der Meßmethode die Erhöhung der zulässigen Erwärmung unter Öl bez. überhaupt bei gutem Luftabschluß, wie er auch durch Tränkung der Transformatorenwicklungen erreicht worden ist, schädliche Folgen nicht bewirken kann, wurde bei mehreren Firmen die Zahl der Reparaturen an Transformatoren festgestellt. Es ergab sich, daß allseitig der Prozentsatz der Reparaturen ein äußerst niedriger ist und nur wenig über 1% sämtlicher hergestellter Transformatoren betrug.

Bei der Untersuchung von Transformatoren mit künstlicher Kühlung ist darauf zu achten, daß die letztere gleichzeitig mit der Belastung abgeschaltet wird. Läßt man die Kühlung länger im Betrieb, als der Transformator belastet ist, so wird er stark abgekühlt, so daß dann die Temperaturmessung unter Umständen zu günstig ausfallen kann.

Bei Anwendung künstlicher Kühlung können leicht Zweifel entstehen, was für eine Temperatur bei Berechnung der Temperaturzunahme einzusetzen ist, nämlich ob die Temperatur des Kühlmittels oder die Temperatur der Umgebung. Es ist nun ohne weiteres klar, daß die Temperatur der Umgebung allein die maßgebende ist, sodaß die Kommission auf eine Anfrage hin, dies noch ausdrücklich festgesetzt hat. Bei vorstehender Angabe ist Voraussetzung, daß die Temperatur des Kühlmittels niedriger oder höchstens gleich der Temperatur der Umgebung ist, wie dies ja auch meistens der Fall sein wird. Ist aber in besonderen Fällen die Temperatur des Kühlmittels höher als die Temperatur der Umgebung, dann ist für die Berechnung der Temperaturzunahme die Temperatur des Kühlmittels maßgebend.

Der § 18 enthält die Angaben über die höchsten zulässigen Temperaturzunahmen von allen Maschinen und Transformatoren mit Ausnahme der für Bahnen. Es wurde ein weitgehender Unterschied nach der Art der verwendeten Isolationsmaterialien gemacht, was nicht zu umgehen war. Es kann vielleicht eingewendet werden, daß es an den fertigen Maschinen unter Umständen schwer ist zu prüfen, was für Isolationsmaterial Verwendung gefunden hat. Dieser Einwand erscheint jedoch nicht stichhaltig, da derartige Versuche stets von sachverständiger Seite ausgeführt werden, und es dieser in der Regel möglich sein wird, die Natur des Isolationsmaterials zu erkennen. In anderen Fällen müssen von seiten des Fabrikanten die nötigen Angaben verlangt werden.

Zu § 18.

Die Zahlen für die zulässige Temperaturzunahme sind festgelegt unter Berücksichtigung der vorhin erwähnten Verhältnisse von äußerer bzw. mittlerer Temperatur zu Maximaltemperatur, der für die Dauer zulässigen Temperaturen der einzelnen Isolationsmaterialien und unter Annahme einer Temperatur der Umgebung von 35° C. Die letztere Zahl ist ausdrücklich in den Bestimmungen beigefügt worden, um für abnormal hohe Temperatur der Umgebung gleich einen Anhalt dafür zu geben, um wieviel die zulässige Temperaturzunahme zweckmäßig heruntergesetzt werden sollte. Letzteres kann natürlich nur Platz greifen, wenn von dem Besteller rechtzeitig und ausdrücklich Angaben über die Temperatur der Umgebung gemacht sind. Ist dies jedoch nicht geschehen und die Temperatur des Maschinenraumes steigt wider Erwarten während der Versuche über 35° C., so kann man eine Beanstandung daraus nicht ableiten, solange die Differenz zwischen der festgestellten Temperatur des betreffenden Maschinenteiles und der festgestellten Temperatur der Umgebung die im § 18 erlaubte Zunahme nicht überschreitet.

Es kann vorkommen, daß Maschinen in Räume kommen, welche dauernd und sicher erheblich niedrigere Temperaturen aufweisen als 35° C. Dies ist z. B. der Fall in Kühlhallen. Es können dann Maschinen für eine besonders niedrige Temperatur der Umgebung bestellt werden und höhere Temperaturzunahmen zugelassen werden. Es ist aber zu bemerken, daß solche Maschinen als abnormal zu betrachten sind. Sie könnten z. B. nicht ohne weiteres in einem anderen Raum mit gleicher Leistung und Betriebsart beansprucht werden. Werden die Maschinen in einem anderen Raum verwendet, oder ändert sich die abnormal niedrige Temperatur der Umgebung dadurch, daß der Raum für andere Zwecke verwendet wird, so muß dies bei der weiteren Benutzung der Maschinen berücksichtigt werden.

Von Amerika aus sind Bedenken geltend gemacht worden, daß die Art der Berechnung der Temperaturzunahme durch Abziehen der Temperatur der Umgebung von der Endtemperatur der Wicklung richtig sei. Es wurde behauptet, daß bei verschiedenen Temperaturen der Umgebung sich nicht immer die gleichen Temperaturzunahmen ergeben. Infolgedessen wurden eingehende Versuche nach dieser Richtung hin an mehreren Stellen gemacht, welche ergeben haben, daß die erwähnte Behauptung nicht zutreffend ist. Selbst bei gekapselten Maschinen ist der Einfluß der verschiedenen Temperatur der Umgebung auf das Endresultat der Dauerprobe so gering, daß es in der Praxis nicht notwendig ist, darauf Rücksicht zu nehmen. Bei normalen Maschinen und insbesondere bei Maschinen mit erheblicher Ventilation ist keinerlei Abhängigkeit der Übertemperatur von der Raumtemperatur festgestellt worden. Von der Allgemeinen Elektrizitätsgesellschaft und den Siemens-Schuckert-Werken sind mir Resultate der diesbezüglichen Versuche zur Verfügung gestellt worden. Die ersteren erstrecken sich auf Temperaturen der Umgebung von 7° bis 50° C, die letzteren auf Änderung der Temperatur der Umgebung im Bereiche von 20° C. Bei diesen verschiedenen Versuchen wurde festgestellt, daß die stationäre Übertemperatur der Maschinen von der Raumtemperatur vollkommen unabhängig ist. Es ist somit die schon seit langem bei uns übliche Methode der Feststellung der Temperaturzunahme als einwandsfrei richtig zu erachten.

In der Tabelle des § 18 sind einige Ausdrücke gebraucht, welche nicht überall gleichmäßig benutzt werden. Es ist infolgedessen notwendig, deren Bedeutung zweifelsfrei festzulegen. Die zulässige Temperaturzunahme, welche für imprägnierte Baumwolle eingesetzt ist, kann nur in Anspruch genommen werden, wenn die Baumwolle mit dem in Frage kommenden Isolierlack ordentlich getränkt ist, während die für Baumwolle mit Füllmasse innerhalb der Nuten eingesetzte zulässige Temperaturzunahme gilt, wenn die Tränkung eine derartige ist, daß die Zwischenräume zwischen den einzelnen Drähten vollkommen mit der Isoliermasse ausgefüllt sind, was im allgemeinen an der fertigen Spule im Vakuum oder unter Druck vorgenommen wird.

Die angegebenen Werte für Emaille gelten nur für die wirkliche mit einer Temperatur von 140° eingebrannte Emaille, nicht etwa für den sogenannten Emaillelack, welcher nur kalt aufgetragen wird.

Die angegebenen zulässigen Temperaturzunahmen erstrecken sich, wie im § 9 ausdrücklich angegeben ist, auf die normale Belastung der Maschine. Bei geringerer Belastung ist die Temperaturzunahme niedriger. Sie ist aber natürlich auch bei Leerlauf und bei schwacher Belastung vorhanden, da ja auch in diesem Zustande ein Teil der Verluste auftritt. In Kreisen von Nichtfachleuten ist vielfach die Ansicht verbreitet, daß eine leerlaufende oder gering belastete Maschine sich garnicht oder sehr wenig erwärmen darf. Diese Ansicht ist nicht zutreffend. Jedenfalls kann aus der Erwärmung bei Leerlauf bzw. in schwach belastetem Zustande nicht auf die Erwärmung bei voller Belastung geschlossen werden, da das Verhältnis der bei Leerlauf vorhandenen Verluste zu den bei Vollast auftretenden Verlusten bei den verschiedenen Typen sehr verschieden ist. Allgemeine Anhaltspunkte über das Verhältnis der Erwärmung bei Leerlauf zu dem Verhältnis der Erwärmung bei Vollast können daher hier nicht gegeben werden.

Vorschriften über die größte zulässige Eisentemperatur von Transformatoren sind nicht gemacht worden. Die Kommission hat sich eingehend mit der Frage beschäftigt, ob solche erforderlich seien, um eine nachträgliche Zunahme des Eisenverlustes infolge Alterns zu verhüten. Sie hat aber beschlossen, davon abzusehen, da derartige Bestimmungen zur Zeit nicht mehr als notwendig zu erachten sind. Nach den von Dr. Stern vorgelegten, auf mehrere Jahre sich erstreckenden, umfangreichen Beobachtungen hat sich ergeben, daß

1) Altern auch bei ganz niedrigen Temperaturen eintreten kann, und
2) daß der Fortschritt in der Fabrikation von Dynamoblechen so erheblich ist, daß Vorschriften mit Rücksicht auf Altern nicht mehr notwendig sind.

Herr Dr. Stern hat auf Veranlassung der Kommission dieses Material „ETZ" 1903, Heft 22, veröffentlicht, so daß man dort alles Nähere entnehmen kann.

Man findet vielfach die Ansicht vertreten, daß Maschinen für Tag- und Nachtbetrieb mit geringerer Erwärmung gebaut werden sollten wie Maschinen, welche täglich nur bis zu 8 oder 10 Stunden in Betrieb sind. Diese Ansicht kann jedoch nicht als zutreffend erachtet werden. Es wird zwar einesteils bei Tag- und Nachtbetrieben das Isolationsmaterial längere Zeit hindurch der höheren Temperatur ausgesetzt, dafür ist aber bei diesen Maschinen der große Vorteil vorhanden, daß die Bewegung zwischen den Drähten, dem Isolationsmaterial und dem Eisen, welche durch Erwärmen und Abkühlen notwendigerweise herbeigeführt wird, wegfällt. Infolge der verschiedenen Ausdehnungskoeffizienten der einzelnen Materialien kommt eine solche Bewegung bei jeder Inbetriebnahme und Außerbetriebsetzung vor. Sie fällt aber bei Maschinen für Tag- und Nachtbetrieb fast ganz weg oder ist zum mindesten sehr viel kleiner, so daß solche Maschinen keinesfalls ungünstiger, wahrscheinlich sogar günstiger beansprucht werden als Maschinen, die jeden Tag abgestellt werden, und bis zur Inbetriebnahme wieder abkühlen.

Gelegentlich der im Jahre 1909 an den Maschinennormalien vorgenommenen Änderungen wurde auch eine Erwärmungsgrenze für Lager eingeführt. Diese Bestimmungen beziehen sich aber nur auf Maschinen für Dauerbetrieb, da ja nur bei diesen eine stationäre Erwärmung der Lager eintritt. Bekanntlich dauert es ziemlich lange, bis eine solche erreicht ist, und zwar kann man hierfür nach meinen Versuchen (ETZ 1899, Seite 383) je nach Größe der Maschinen 3 bis 6 Stunden annehmen. Infolgedessen wurde auch eine Grenze für die Temperaturzunahme der Lager nur im § 18 eingesetzt, während im § 19 eine solche Angabe unterlassen wurde.

Da die Erwärmung eines Lagers stark davon abhängt, ob dasselbe schon eingelaufen ist oder nicht, so sei hier ausdrücklich bemerkt, daß die Bestimmung der zulässigen Erwärmung sich naturgemäß nur auf eingelaufenen Zustand beziehen kann.

Die vielfach verbreitete Ansicht, daß Lager eine Temperatur von 80° nicht aushalten, ist falsch. Richtig konstruierte Lager arbeiten erfahrungsgemäß tadellos bei Temperaturen von 80° und darüber.

Für die Messung der Erwärmung der Lager können verschiedene Methoden in Frage kommen. Von einer Vorschrift, welche derselben anzuwenden ist, wurde abgesehen, da die Verhältnisse in den verschiedenen Fällen doch zu verschieden liegen. Die Kommission hat aber folgende Reihenfolge der verschiedenen Methoden als zweckmäßig aufgestellt.

Soweit möglich, ist die Temperatur des ausfließenden Öles zu messen. Sofern dies nicht ausführbar ist, was zum Beispiel bei Riemenscheibenlagern oder bei übergreifenden Wickelköpfen, bei Kugellagern, bei Lagern mit Ölzirkulation, mit Preßölschmierung oder bei Verwendung von konsistentem Fett vorkommen kann, so ist als nächstbeste Methode diejenige der Messung der Temperatur der oberen Schicht im Ölsack anzusehen.

Sofern die Lagerschale mit einem Bohrloch versehen ist, in welches ein Thermometer eingeführt werden kann, ist diese Methode sehr zweckmäßig. Ist jedoch eine solche Möglichkeit für die Einführung des Thermometers in die Nähe des wärmsten Teiles des Lagers nicht gegeben und versagen auch die anderen erwähnten Methoden, so würde im Notfalle noch übrigbleiben, die äußere Temperatur des wärmsten Teiles des ganzen Lagers festzustellen. Es sei übrigens noch besonders darauf hingewiesen, daß anstelle des Thermometers auch ein Thermoelement zur Feststellung der Temperatur benutzt werden kann, so daß sich dann vielleicht eine Einführung an schwer zugänglichen Stellen ermöglichen läßt.

Es kann bei elektrischen Maschinen, welche mit Antriebsmaschinen zusammengebaut sind, leicht vorkommen, daß die Erwärmung des gemeinschaftlichen Lagers von der Antriebsmaschine aus stark beeinflußt wird. In diesem Falle, der z. B. bei Turbodynamos vorliegen kann, würde das gemeinschaftliche Lager aus der Prüfung nach den vorliegenden Normalien auszuscheiden sein. Auch bei Dampfmaschinen und Gasmaschinen können ähnliche Fälle vorkommen.

Die Erwärmung eines Lagers hängt wesentlich von der verwendeten Ölsorte ab. Bei etwaigen Reklamationen muß dem Fabrikanten natürlich zugestanden werden, daß er bei der Abnahme das für das Lager geeignetste Schmiermittel verwendet. Hierbei ist aber vorausgesetzt, daß nicht die Verwendung eines abnormal teuren oder lediglich durch ihn selbst zu beschaffenden Schmiermittels von dem Fabrikanten vorgeschrieben wird, wenn nicht bei der Bestellung hierauf ausdrücklich aufmerksam gemacht war.

Bei gekapselten Maschinen kann durch die Begrenzung der Lagertemperatur unter Umständen bewirkt werden, daß eine ungenügende Ausnutzung der Typen herbeigeführt wird. Bei diesen Maschinen ist das Lager und der Kommutator oft sehr innig zusammengebaut, so daß eine Beeinflussung der Temperatur des Lagers vom Kommutator aus durch Strahlung herbeigeführt werden kann.

Bei Maschinen und Transformatoren für Bahn- und Kraftfahrzeuge sind absichtlich höhere Werte für die Temperaturzunahme eingesetzt worden, weil man mit Rücksicht auf Platz sowohl, wie auf Gewicht meist gezwungen ist, die Motoren höher zu beanspruchen als stationäre Maschinen. Man muß hier einen Kompromiß machen zwischen Gewicht, Platz und Lebensdauer. Da die angegebenen Zahlen aber die höchsten zulässigen Werte für die Temperaturzunahme darstellen, so bleibt es unbenommen, falls Gewicht oder Platz dies gestatten, die Motoren so zu dimensionieren, daß sie sich weniger erwärmen und dementsprechend ihre Lebensdauer eine größere ist.

Zu § 19.

Dettmar, Erläuterungen. 4. Aufl.

Verwendet man Bahnmotoren für andere Zwecke, dann sind die höheren Werte für die Temperaturzunahme nicht mehr zulässig, so daß also eine Type beispielsweise für Bahnzwecke einen 20 kW-Motor darstellen, aber für andere Zwecke und kurzzeitigen Betrieb etwa nur als 16 kW-Motor gelten kann, da im letzteren Falle die Temperaturzunahme nur 20° kleiner sein darf. Es ergibt dies eine kleine Komplikation, doch ist dieselbe insofern nicht von Belang, als im allgemeinen für Bahnmotoren und für stationäre Motoren für kurzzeitigen Betrieb besondere Typen gebaut werden. Das ist schon meist deswegen der Fall, weil die Befestigungen sowohl, wie die Schmierung bei Bahnmotoren anders sind, als bei Motoren für stationären Betrieb.

Es sei noch besonders hervorgehoben, daß bei der Prüfung von Straßenbahnmotoren die Handlochdeckel nicht geöffnet werden dürfen, wie dies aus den Bestimmungen des § 12 hervorgeht.

Zu § 20. Es kommt öfters vor, daß zwei verschiedene Isolierstoffe Verwendung finden, z. B. Papier und Glimmer. In diesem Falle gilt der niedrigste zulässige Wert für die Temperaturzunahme, also derjenige für Papier. Wenn aber in diese Isolierung noch baumwollisolierte Drähte hineingelegt sind, so sind die niedrigeren für Baumwollisolierung zulässigen Temperaturwerte maßgebend, damit die Baumwolle genügend gesichert ist.

In zweifelhaften Fällen hat man darauf zu achten, ob das betreffende Material Isoliermaterial oder Konstruktionsmaterial ist. Ist zum Beispiel in einer Nute nur ein Stab vorhanden, der mit Baumwolle umsponnen ist und in einer geschlossenen Glimmerisolation liegt, dann würde Glimmer maßgebend sein. Sind aber in der gleichen Nute mehrere Drähte, so daß die Isolation der Drähte gegeneinander durch Baumwolle bewirkt wird, so würde dieses Material maßgebend sein für die zulässige Temperaturzunahme. Bei Stabankern ferner wird vielfach aus rein mechanischen Gründen eine Leinwandumwicklung oder eine Umwicklung mit Isolierband ausgeführt. Dieses Band ist dann nicht maßgebend für die zu wählende Temperaturgrenze, wenn es nicht als Isolierung wirkt. Glimmerröhren werden vielfach mit Rücksicht auf ihre Herstellung, Versendung und Lagerung außen mit einer Papierschicht umgeben. Letztere würde für die Wahl der Temperaturgrenze nicht maßgebend sein, wenn die Glimmerröhre so in die Nute eingebracht ist, das bei Schadhaftwerden des Papieres eine Verringerung der Isolation nicht eintritt. Man kann allgemein sagen, daß bei kombinierten Isolierungen in vielen Fällen die untere Grenze gilt, daß aber der höhere Wert dann zulässig ist, wenn die nachteilige Beeinflussung des weniger widerstandsfähigen Materials die Isolierung nicht schädigt, weil eben dieses Material nur mechanischen Zwecken dient.

Überlastung.

In § 21 ist angegeben, daß dauernd kurzgeschlossene Wickelungen höhere Werte für die Temperaturzunahme haben dürfen, als die in den vorhergehenden Paragraphen behandelten Wickelungen. Es sind hier speziell die Wickelungen von Kurzschlußankern und die Dämpferwickelung von Wechsel- und Drehstrommaschinen gemeint. Bei diesen Wickelungen hat eine zu hohe Beanspruchung des Isoliermaterials keine erhebliche Bedeutung.

Zu § 21.

Überlastung.

§ 22.

Mit der Einschränkung, daß Überlastungen nur so kurze Zeit dauern oder nur bei solchem Temperaturzustand der Maschinen und Transformatoren vorgenommen werden dürfen, daß die höchsten zulässigen Temperaturen dadurch nicht überschritten werden, müssen Maschinen und Transformatoren in den folgenden Grenzen überlastbar sein:

Generatoren, Motoren, Umformer, Transformatoren: 25% während $^1/_2$ Stunde, wobei bei Synchronmaschinen der Leistungsfaktor nicht unter dem auf dem Schilde verzeichneten Werte anzunehmen ist.

Motoren, Umformer, Transformatoren: 40% während 3 Minuten, wobei für Motoren die normale Klemmenspannung einzuhalten ist.

§ 23.

In bezug auf mechanische Festigkeit müssen Maschinen, die betriebsmäßig mit annähernd gleichbleibender Drehzahl arbeiten, leerlaufend eine um 15% erhöhte Drehzahl 5 Minuten lang aushalten.

§ 24.

Die normale Spannung von Generatoren muß bei normaler Drehzahl und im warmen Zustand der Maschine bis zu 15% Überlastung aufrecht erhalten werden können, wobei der Leistungsfaktor bei Wechselstromgeneratoren nicht unter dem auf dem Schilde verzeichneten Werte anzunehmen ist.

§ 25.

Die Prüfung soll nur die mechanische und elektrische Überlastbarkeit ohne Rücksicht auf

Erwärmung feststellen und deshalb bei solcher Temperatur beginnen, daß die höchsten zulässigen Temperaturen nicht überschritten werden.

Zu § 22. Eine längere Überlastung der Maschine soll nicht stattfinden zu Zeiten, wo sie ihre höchste Erwärmung erreicht hat. Daher soll auch im allgemeinen die Probe auf die Überlastungsfähigkeit nicht im Anschluß an die Dauerprobe vorgenommen werden. Es könnte dieses speziell bei kleinen Maschinen, bei welchen die Temperatur sich schnell der Belastung anpaßt, zu unzulässiger Erwärmung der Maschine führen, welche der praktischen Beanspruchung in den meisten Fällen nicht einmal entsprechen würde. Es ist jedoch zulässig, die Überlastungsprobe bei B e g i n n der Dauerprobe durchzuführen. Es wird dadurch Zeit gespart und auch der gleichbleibende Wert für die Temperatur schneller erreicht. Natürlich ist es auch zulässig, die Überlastungsprobe unabhängig von der Dauerprobe durchzuführen.

Es sind hin und wieder Zweifel darüber aufgetaucht, ob Generatoren bei der vorgeschriebenen Überlastung von 25% die Spannung müssen konstant halten können. Eigentlich müßte hier die Bestimmung des § 23 schon genügen um zu zeigen, daß dies nicht beabsichtigt gewesen ist, denn dort ist ausdrücklich verlangt, daß Generatoren bis zu 15% Überlastung die Spannung müssen konstant halten können. Wenn also in einzelnen Fällen ein Generator über diesen Wert hinaus bei der Überlastungsprobe nicht die Spannung halten kann, so hat dies keinerlei Bedenken, da es lediglich darauf ankommt, daß beim Überlastungsversuch die Belastung 25% höher als Normallast ist. Wenn die Spannung also über 15% hinaus nicht konstant gehalten werden kann, so muß eine entsprechende Erhöhung der Stromstärke vorgenommen werden.

Zu § 23. Der festgesetzte Wert der Steigerung der Drehzahl um 15% könnte leicht für zu niedrig gehalten werden. Wenn man aber berücksichtigt, daß ihr eine Steigerung der Zentrifugalkräfte von 32% entspricht, so wird man den Wert wohl für genügend erachten. Bei normalen Maschinen hätten keinerlei Bedenken vorgelegen, höhere Werte anzunehmen, jedoch mußte davon abgesehen werden mit Rücksicht auf sehr schnell laufende Maschinen, wie sie z. B. für Kupplung mit Dampfturbinen gebaut werden. Bei diesen würde eine weitere Steigerung unter Umständen zu ungünstigen Einschränkungen bei der Konstruktion führen. Da im Betriebe in den weitaus meisten Fällen eine größere Steigerung der Drehzahl als 15% nicht vorkommt, so. dürfte für normale Fälle mit dieser Vorschrift genügende Sicherheit geschaffen sein. In solchen Betrieben, in welchen größere Steigerungen der Drehzahl zu befürchten sind, müssen dann besondere Vorschriften nach dieser Richtung hin gemacht werden.

Zu § 24. Es erscheint selbstverständlich, daß die Bestimmung des § 24 nur für solche Maschinen Gültigkeit hat, die für annähernd konstante Spannung gebaut sind. Mir ist aber tatsächlich eine Beanstandung einer für veränderliche Spannung gebauten Maschine auf Grund dieses Paragraphen bekannt geworden, so daß es notwendig ist, hier auf die Unrichtigkeit einer solchen Forderung bei derartigen Maschinen hinzuweisen. Es wird also z. B. bei Maschinen mit starker Über-Compoundierung, mit Hauptstromwickelung sowie bei solchen Spezialmaschinen, bei denen notwendigerweise ein bestimmter Zusammenhang zwischen Spannung und Strom vorhanden ist (Maschinen für Zugbeleuchtung usw.), der § 24 nicht anzuwenden sein.

Zu § 25 Es sind mehrfach insofern scheinbare Schwierigkeiten aufgetaucht, als die Überlastungsprobe mit 25% während einer halben Stunde bei Motoren für intermittierenden Betrieb als undurchführbar angesehen wird, mit Rücksicht auf die Bestimmung des § 25, welcher angibt, daß die zulässige Temperaturzunahme bei dieser Probe auf Überlastungsfähigkeit nicht überschritten werden soll. Es kann nämlich tatsächlich eintreten, daß ein Motor für kurzzeitigen Betrieb bei einer halbstündigen Probe mit 25% Überlastung selbst vom kalten Zustand aus wärmer wird, als bei der normalen Belastung während einer Stunde. Für diesen Fall hatte man angenommen, daß der Überlastungsversuch mit Unterbrechung ausgeführt wird, so daß die Temperatur der Maschine erst wieder zurückgehen kann. Es handelt sich hier ja lediglich darum, daß die Maschine eine gewisse Zeit lang einer höheren Beanspruchung als der normalen ausgesetzt wird. Ob dies hintereinander oder in mehreren Abschnitten geschieht, ist an sich gleichgültig.

Isolation.

§ 26.

Die Messung des Isolationswiderstandes wird nicht vorgeschrieben, wohl aber eine Prüfung auf Isolierfestigkeit (Durchschlagsprobe). Maschinen und Transformatoren müssen imstande sein, eine solche Probe mit der in folgendem festgesetzten Spannung auszuhalten. Die Dauer der Prüfung mit der vollen Prüfspannung beträgt 1 Minute.

Maschinen und Transformatoren für Spannungen von 40 bis 5000 V sollen mit dem $2^1/_2$-fachen der normalen Spannung, jedoch nicht mit weniger als 1000 V geprüft werden. Maschinen und Transformatoren für Spannungen von 5000 bis 7500 V sind mit normaler Spannung + 7500 V zu prüfen. Von 7500 V bis 50 000 V beträgt die Prüfspannung das 2fache. Für Spannungen über 50 000 V sind besondere Vereinbarungen zu treffen. Maschinen und Transformatoren für weniger als 40 V sind mit wenigstens 500 V zu prüfen. Die Prüfspannung kann entweder durch eine fremde Stromquelle oder die zu prüfende Maschine oder den zu prüfenden Transformator selbst erzeugt sein.

Die Prüfung ist möglichst bei warmem Zustand der Maschine oder des Transformators vorzunehmen.

Die Spannung ist allmählich zu steigern.

Obige Angaben über die Prüfspannung gelten unter der Annahme, daß die Prüfung mit Wechselstrom von annähernd sinusförmiger Kurve vorgenommen wird, und beziehen sich auf effektive Werte.

§ 27.

Die angegebenen Prüfspannungen beziehen sich auf die Isolation der Wicklungen gegen Körper sowie die Isolation elektrisch getrennter Wicklungen gegeneinander. In letzerem Fall ist bei Wicklungen verschiedener Spannung immer die höchste sich ergebende Prüfspannung anzuwenden.

§ 28.

Zwei elektrisch verbundene Wicklungen verschiedener Spannung sind mit der höheren Prüfspannung gegen Körper zu prüfen. (Vgl. auch § 30.)

§ 29.

Sind Maschinen oder Transformatoren unter sich oder mit Widerständen hintereinandergeschaltet, so sind die verbundenen Wicklungen außer nach § 28 mit einer der Spannung des ganzen Systems entsprechenden Prüfspannung gegen Erde zu prüfen.

§ 30.

Ist eine Wicklung betriebsmäßig mit dem Körper leitend verbunden, so soll die Prüfspannung möglichst durch die zu prüfende Maschine oder den zu prüfenden Transformator selbst erzeugt werden. Die Prüfung ist dann in betriebsmäßiger Schaltung vorzunehmen.

Wird die Prüfung auf Isolierfestigkeit ausnahmsweise mit fremder Stromquelle ausgeführt, so richtet sich die Prüfspannung nach der größten Spannung, die an irgendeinem Punkt der Wicklung gegen Körper im Betriebe auftreten kann. Die Verbindung der Wicklung mit dem Körper ist bei dieser Prüfung zu unterbrechen.

§ 31.

Für Magnetspulen mit Fremderregung beträgt die Prüfspannung das Dreifache der Erregerspannung, jedoch mindestens 1000 V; für Sekundäranker von Asynchronmotoren die zweieinhalbfache Anlaßspannung, jedoch mindestens 500 V. Kurzschlußanker brauchen nicht geprüft zu werden.

§ 32.

Maschinen und Transformatoren sollen 5 Minuten lang eine um 30% erhöhte Betriebsspannung aushalten können. Durch diese Prüfung soll nur festgestellt werden, ob die Isolierfestigkeit der Windungen gegeneinander für die normale Betriebsspannung ausreicht, jedoch nicht, ob die Isolierung den (z. B. beim Einschalten ohne Schutzschalter auftretenden) Überspannungen standhalten kann.

Der Isolationswiderstand von Maschinen und Transformatoren hängt bekanntlich nicht nur von dem augenblicklichen Zustande derselben ab, sondern auch von der Spannung, mittels welcher er gemessen wird. Es wäre also notwendig gewesen, bei der Messung des Isolationswiderstandes die Anwendung einer Spannung vorzuschreiben, welche in einem gewissen Verhältnisse zu derjenigen der Maschine bzw. des Transformators steht. Das ergibt aber für Hochspannungsmaschinen außerordentliche Unbequemlichkeiten, wenn nicht gar die Unmöglichkeit der Messung. Des weiteren kommt in Betracht, daß die Größe des Isolationswiderstandes, wenn sie nicht mit einer Spannung gemessen ist, welche mindestens der Betriebsspannung gleichkommt, durchaus nicht geeignet ist, ein richtiges Bild von dem Zustand der Isolation zu geben. Es kann beispielsweise eine Hochspannungsmaschine einen außerordentlich hohen Isolationswiderstand haben, wenn derselbe mit niedriger

Zu § 26.

Spannung gemessen ist, und doch bei normaler oder einer nur um wenig höheren Spannung durchschlagen.

Diese Gründe bewogen die Kommission, von der Messung des Isolationswiderstandes überhaupt abzusehen und eine rein praktische Probe bezüglich der „Festigkeit" der Isolation vorzuschreiben.

Alle Maschinen bzw. Transformatoren müssen mit Sicherheit die normale Spannung aushalten. Da nun aber bei Belastungsschwankungen, plötzlicher Erhöhung der Tourenzahl oder durch Unvorsichtigkeit es leicht vorkommen kann, daß eine höhere Spannung als die normale auftritt, und da diese auch noch mit Sicherheit ausgehalten werden muß, so ist es notwendig, daß jede Maschine bzw. jeder Transformator eine erheblich höhere Spannung als die normale eine gewisse Zeit muß aushalten können. Man prüft auf diese Weise gewissermaßen die Festigkeit der Isolation, ohne den Größenwert derselben festzustellen.

Es ist die Frage aufgeworfen worden, welches Kriterium dafür maßgebend sein soll, daß die zu prüfende Maschine bzw. der zu prüfende Transformator die Überspannungsprobe ausgehalten hat. Setzt man das zu prüfende Fabrikat einer steigenden Spannung aus, so kann man folgendes beobachten: Von einer bestimmten Spannung an tritt ein knisterndes Geräusch auf, das mit zunehmender Spannung stärker wird und allmählich von einer schwachen bläulichen Lichterscheinung, die nur im Dunklen sichtbar ist, begleitet wird. Bei weiter steigender Spannung wird diese Lichterscheinung noch deutlicher, so daß man sie schließlich auch bei schwacher Beleuchtung sehen kann. Später wird die Funkenerscheinung immer lebhafter, bis schließlich der Durchschlag eintritt. Es ist nun die Frage aufgeworfen worden, welche dieser Erscheinungen maßgebend sein soll. Die Kommission hat sich dahin schlüssig gemacht, daß als Kriterium dafür, daß irgend ein Fabrikat die vorgeschriebene Prüfspannung nicht ausgehalten hat, lediglich die Tatsache gelten kann, daß während der Prüfzeit ein direkter Durchschlag eingetreten ist. Das Auftreten von dunklen Entladungen während der Prüfzeit kann als eine Nichterfüllung der Vorschriften nicht angesehen werden. Es ist dies auch schon deswegen nicht möglich, weil der Beginn des Auftretens dunkler Entladungen sehr schwer konstatiert werden kann, und weil derselbe von dem Zustand der Atmosphäre abhängig ist.

Die Isolation einer neuen Maschine wird nach der Inbetriebsetzung zunächst im allgemeinen besser werden, da die Maschine zunächst durch den Gebrauch gut austrocknet. Später wird aber der Isolationswert wieder fallen, ohne daß etwa diese Erscheinung einen Schluß darauf gestattet, daß das Isolationsmaterial gelitten hätte. Der Grund ist darin zu suchen, daß sich allmählich Staub ansetzt und so Brücken für Stromübergänge gebildet werden. Es ist daher bedenklich, Proben mit gesteigerter Spannung nach längerem Betriebe zu wiederholen. Es kommt ja manchmal vor, daß auch nach Ablauf der Garantiezeit nochmals Proben vorgenommen werden, es würde sich aber empfehlen, in solchen Fällen von einer Prüfung auf Isolierfestigkeit abzusehen. Jedenfalls soll dieselbe nicht ohne weiteres verlangt werden können.

Da es leicht eintreten kann, daß Maschinen oder Transformatoren auf dem Transporte Feuchtigkeit aufnehmen, so ist es notwendig, daß die Untersuchung der Isolierfestigkeit erst dann vorgenommen wird, wenn die Maschine entsprechend ausgetrocknet worden ist. Dies kann entweder durch Heizen von außen oder besser durch Heizen von innen heraus geschehen. Man nimmt daher eine solche Maschine zweckmäßig erst vorsichtig in Betrieb (kurzgeschlossen oder bei niedriger Spannung belastet), so daß sie einige Male ordentlich warm wird und so von innen heraus die Feuchtigkeit beseitigt wird.

Gelegentlich der im Jahre 1909 vorgenommenen Änderungen der Maschinennormalien wurden die Prüfspannungen heraufgesetzt. Dafür wurde aber die Zeitdauer der Prüfung verringert. Bei der praktischen Ausführung der Isolationsprüfungen hatte sich gezeigt, daß diese Prüfung unnötig viel Zeit erfordert und daß man die gleiche Sicherheit erreicht, wenn man kürzere Zeit mit einer höheren Spannung prüft.

Da es zweifelhaft sein kann, ob die Kleintransformatoren, welche zum Anschluß von elektrischen Klingeln und anderen Fernmeldeapparaten bestimmt sind, unter diese Prüfvorschrift fallen, hat die Maschinennormalien-Kommission auf eine Anfrage hin sich mit dieser Angelegenheit besonders beschäftigt. Es wurde festgestellt, daß diese Transformatoren genau so wie alle anderen unter die Vorschrift fallen und entsprechend auch mit mindestens 1000 Volt geprüft werden müssen. In Übereinstimmung damit hat auch die Kommission für Errichtungs- und Betriebsvorschriften bei Aufstellung der „Leitsätze für den Anschluß von Schwachstromanlagen an Niederspannungs-Starkstromnetze durch Transformatoren und Kondensatoren" ausdrücklich eine diesbezügliche Bestimmung aufgenommen. Näheres siehe Anhang zu diesem Buche unter Nr. 5.

Im § 26 ist bestimmt, daß die Spannungsprüfung möglichst in warmem Zustand vorgenommen werden soll. Bei sehr großen Transformatoren ist es bei der Abnahme vielfach nicht möglich, die normale Temperatur zu erzielen. Ebenso würde dies bei Prüftransformatoren ausgeschlossen sein, bei denen von einer normalen Temperatur überhaupt kaum gesprochen

werden kann. Die Kommision war nun der Ansicht,
daß es nicht schadet, wenn in solchen Fällen die Prüfung auch in kaltem Zustande durchgeführt wird.

Bei der Ausführung der Spannungsprüfungen ist zu
berücksichtigen, daß es unrichtig ist, die Prüfspannung
plötzlich auf die zu prüfende Maschine bzw. auf den
Transformator zu schalten. Man soll die Spannung
allmählich steigern, was natürlich aber in verhältnismäßig kurzer Zeit geschehen kann.

Mehrfach ist die Frage aufgeworfen worden, wie bei
schon im Betrieb befindlichen Maschinen die Untersuchung der Isolation vorgenommen werden soll. Da
eine Messung des eigentlichen Isolationswiderstandes
vollkommen ausgeschieden worden ist, andererseits aber
von einer Wiederholung der Überspannungsprobe abgeraten wird, so glaubten viele, daß kein anderer Weg
zur nachträglichen Prüfung mehr vorhanden ist. Diese
Auffassung ist jedoch nicht richtig. Eine einfache
Prüfung der Maschinen und Transformatoren kann dadurch vorgenommen werden, daß die Wickelung gegen
Körper der normalen Spannung ausgesetzt wird. Dann
hat jede einzelne Isolation die normale Spannung auszuhalten, während sie im allgemeinen nur der halben
Spannung ausgesetzt ist, da ja im allgemeinen zwei Isolationen hintereinander liegen. Auf diese Weise wird
ein schleichender Fehler leicht herausgefunden, während
eine gefährliche Beanspruchung der Isolation vermieden
wird.

Auf eine an die Kommission gerichtete Anfrage hin
wurde entschieden, daß die Prüfungsvorschriften sich
auf reparierte alte Maschinen nicht beziehen sollen.

Von vielen Firmen werden für feuchte Räume Maschinen mit besonderer Ausführung der Isolierung geliefert. Bei den Beratungen der Kommission ist nun festgestellt worden, daß es nicht möglich ist, bezüglich einer
solchen Feuchtschutzisolierung allgemeine Grundsätze
aufzustellen. Die Angabe der verschiedenen Hersteller
über Qualität und Leistungsfähigkeit dieser Isolierungsart gehen sehr weit auseinander. Es ist daher zur
Zeit nicht möglich, eine Normalisierung einzuführen,
so daß es dem Besteller überlassen werden muß, jeweilig bei Auftragserteilung diejenigen Bedingungen,
denen die erhöhte Isolation genügen soll, besonders
festzusetzen.

Zu § 27. Obwohl die Bestimmungen bezüglich der Isolationsprüfung von Hoch- und Niederspannungswickelungen an
Transformatoren sehr klar in den Vorschriften behandelt wurden, sind, wie eingegangene Anfragen zeigen,
doch noch Mißverständnisse eingetreten. Es wurde
z. B. angenommen, daß die Niederspannungswickelung
nicht nur gegen die Hochspannungswicklung, sondern
auch gegen Körper mit der der Hochspannung entsprechenden Prüfspannung geprüft werden soll. Diese

Isolation. 59

Ansicht ist natürlich irrtümlich, da ja im § 27 ausdrücklich unterschieden ist zwischen der Prüfung von Wicklungen gegen Körper und von Wicklungen untereinander. Für erstere ist die Spannung, welche in der Wicklung herrscht, maßgebend, während für letztere ausdrücklich bestimmt ist, daß die höchste der beiden in Frage kommenden Spannungen maßgebend ist. Es würde demnach bei einem Transformator für 220/15 000 Volt die Prüfspannung der Niederspannungswicklung gegen Körper 550 Volt, der Hochspannungswicklung gegen Körper 30000 Volt und die Prüfspannung der beiden Wicklungen gegeneinander 30 000 Volt betragen müssen.

Bei Prüfung der Hochspannungswicklung gegen Körper sowie der Hochspannungswicklung gegen Niederspannungswicklung ist es zweckmäßig, die Niederspannungswicklung mit Körper zu verbinden.

Bei der Prüfung zweier elektrisch getrennter Wicklungen gegeneinander können Schwierigkeiten dann eintreten, wenn die Prüfquelle mit dem an der Hochspannung liegenden Pol Erdschluß hat bzw. in der Nähe dieses Poles ein Erdschluß sich befindet. Dann hat die Niederspannungswicklung gegen den Körper, wenn dieser gleichfalls geerdet ist, die volle, bzw. annähernd die volle Prüfspannung auszuhalten. Deren Isolation würde also viel zu stark beansprucht, da ja diese Isolation nur für Niederspannung berechnet ist. Besteht daher die Befürchtung, daß die Prüfquelle einen derartigen Erdschluß haben könnte, so muß die Niederspannungswicklung mit dem Körper verbunden werden.

Bei Apparaten, in welche kleine Maschinen eingebaut sind, werden die letzteren, auch wenn die Anlage für 220 oder 500 Volt eingerichtet ist, doch vielfach für 110 Volt verwendet und die Spannungsdifferenz durch Widerstände vernichtet. Dies wird gemacht, weil es schwierig ist, die kleinen Motoren für die hohe Spannung zu bauen. Die neu aufgenommene Bestimmung bezüglich der Prüfung der mit Widerständen hintereinander geschalteten Maschinen sollte sich im wesentlichen auf diesen Fall beziehen. *Zu § 29.*

Magnetspulen mit Fremderregung sind besonders scharf in den Vorschriften behandelt worden. Es ist dies darauf zurückzuführen, daß die Spannung, welche beim Ausschalten entsteht, leicht erhebliche Werte annimmt und somit die Isolation sehr stark beansprucht ist. Man ist nun allerdings in der Lage, die Entstehung schädlicher Extraspannungen entweder durch Einschaltung von Widerständen vor dem Ausschalten oder durch Kurzschließen zu verhindern. Da aber derartige Sicherheitsmaßregeln nicht immer angewandt werden, so erschien es zweckmäßig, diese Wicklungen einer besonders scharfen Prüfung zu unterwerfen. *Zu § 31.*

Während man bei Magnetspulen mit Fremderregung die geringste Prüfspannung zu 1000 Volt festgesetzt hat, hat man bei Sekundärankern 500 Volt festgesetzt. Es ist dies deswegen geschehen, weil bei Schleifringankern kleiner Typen der Platz dafür fehlen würde, daß man die Wicklung einer Mindestspannung von 1000 Volt für Isolationsprüfung aussetzen könnte. Ein Bedürfnis für eine solche scharfe Prüfung der Schleifringanker kleiner Motoren liegt auch nicht vor, da eine höhere Spannung wie die Anlaufspannung in denselben im allgemeinen doch nicht entstehen kann.

Die den Kurzschlußankern ähnlichen Kurzschlußwicklungen, wie z. B. Dämpferwicklungen, sind bezüglich der Isolationsprüfung den Kurzschlußankern gleichgestellt.

Zu § 32. Da es vorkommen kann, daß die Isolation einer Maschine gegen Körper den Vorschriften genügt, aber bei geringer Steigerung der normalen Spannung in sich durchschlägt, so ist auch die Prüfung der Isolation der Wicklung in sich notwendig. Es wurde daher vorgeschrieben, daß die Maschine 5 Minuten lang eine um 30% erhöhte Betriebsspannung muß aushalten können. Dieser Prozentsatz wird in allen denjenigen Fällen genügen, in welchen eine Spannungserhöhung durch plötzliche Entlastung, Tourensteigerung usw. im Betriebe hervorgerufen wird.

Die Prüfung auf Spannungserhöhung um 30% würde bei Gleichstrommaschinen und bei Drehstromgeneratoren bei Leerlauf vorzunehmen sein, während sie bei Drehstrommotoren im Stillstande ausgeführt werden kann, wenn man auch den Rotor mit entsprechender Spannungserhöhung prüfen will.

Es sei noch darauf hingewiesen, daß im § 32 die Prüfdauer von fünf Minuten beibehalten worden ist, während im § 26 nur eine Minute eingesetzt wurde. Es ist dies deswegen geschehen, weil hier der Prozentsatz der Erhöhung der Prüfspannung gezwungenermaßen nur geringer gewählt werden konnte. Die Sättigung des Eisens bildet hier eine Grenze, welche zu überschreiten man keine Mittel hat.

Wirkungsgrad.

§ 33.

Bei Angabe des Wirkungsgrades ist die Methode zu nennen, nach welcher er bestimmt werden soll, oder bestimmt wurde, wozu ein Hinweis auf den entsprechenden Paragraphen dieser Vorschriften genügt.

Der Wirkungsgrad ist unter Berücksichtigung der Betriebsart (vgl. §§ 4 bis 7) anzugeben.

Wenn bei Wechselstrommotoren und Transformatoren nichts besonderes vereinbart ist, so braucht der angegebene Wirkungsgrad nur beim Anschluß an eine Stromquelle mit angenäherter Sinuskurve und bei symmetrischen Mehrphasensystemen erreicht zu werden.

Der Wirkungsgrad ohne besondere Angabe der Belastung bezieht sich auf die Belastbarkeit.

Die für Felderregung nötige sowie die im Feldregler und in der Erregermaschine verlorene Leistung ist als Verlust in Rechnung zu ziehen.

Wird künstliche Kühlung verwendet, so ist bei Angabe des Wirkungsgrades zu bemerken, ob die für die Kühlung erforderliche Leistung als Verlust mit in Rechnung gezogen ist. Fehlt eine derartige Bemerkung, so versteht sich der Wirkungsgrad mit Einschluß dieser Verluste.

§ 34.

Bei Generatoren, Synchronmotoren, Umformern und Transformatoren gilt, sofern nichts anderes angegeben ist, der Wirkungsgrad für den Leistungsfaktor 1.

Bei Angabe des Wirkungsgrades für mehrere Werte des Leistungsfaktors ist auch die zu jedem Wert gehörige Leistung zu nennen.

Fehlt diese Angabe, so gilt als Vollast die Belastbarkeit bei $\cos \varphi = 1$.

§ 35.

Bei Angabe von Garantien für einen aus mehreren Gliedern bestehenden Maschinensatz ist neben der Angabe des Gesamtwirkungsgrades die Angabe für die einzelnen Teile nicht notwendig.

Zu. § 34.
Da die nach den verschiedenen Methoden ermittelten Werte für den Wirkungsgrad verschieden ausfallen, so ist es unbedingt erforderlich, bei Angabe eines Wirkungsgrades stets die Methode seiner Ermittlung beizufügen, da sonst die Eindeutigkeit, welche durch die vorliegenden Normalien erzielt werden soll, verloren gehen würde.

Zur Bestimmung des Wirkungsgrades sind in den §§ 36 bis 44 zehn verschiedene Methoden angegeben, und zwar:

1. Die Leerlaufs- und Kurzschlußmethode für Transformatoren,
2. die direkte elektrische Methode,
3. die indirekte elektrische Methode,
4. die direkte mechanische Methode,

5. die indirekte mechanische Methode,
6. die Leerlaufsmethode,
7. die Hilfsmotormethode,
8. die Indikatormethode,
9. die Kondensatwägungsmethode,
10. die Trennungsmethode.

Diese Methoden zerfallen in 2 Gruppen, von denen die unter Nr. 1 bis 5 genannten den Wirkungsgrad direkt ergeben, während die Methoden Nr. 6 bis 10 die angenäherte Berechnung des Wirkungsgrades auf Grund von Verlustmessungen ermöglichen. Eine Annäherung wird hier nur deswegen erreicht, weil von der Berücksichtigung der Veränderung der bei Leerlauf festgestellten Verluste abgesehen wird. Man ist leider gezwungen, dies zu tun, weil es noch keine zuverlässige Methode zur Bestimmung der sogenannten zusätzlichen Verluste gibt. Der durch die Vernachlässigung der letzteren entstehende Fehler ist aber in vielen Fällen nicht sehr bedeutend. Insbesondere kann der Wirkungsgrad bei Maschinen sehr großer Leistung in vielen Fällen genauer durch Verlustmessung ermittelt werden als nach den §§ 37 bis 40. Das ist darauf zurückzuführen, daß Maschinen mit großer Leistung meist sehr hohe Wirkungsgrade, d. h. also verhältnismäßig kleine Verluste haben. Die Änderung eines Teiles derselben wird also die Genauigkeit weniger beeinflussen als die Unzuverlässigkeit der Methoden bei der direkten Bestimmung des Wirkungsgrades. Insbesondere ist die Messung großer Leistungen öfter mit erheblichen Fehlern behaftet. Da bei den Methoden nach § 41 bis 44 nur die Verluste, d. h. also ein sehr kleiner Teil der Gesamtleistung, gemessen werden, so werden auch die vorhin erwähnten ungünstigen Einflüsse beträchtlich verringert. Insbesondere gilt das vorstehend Gesagte für die Leerlaufsmethode, weil bei dieser die Meßgenauigkeit eine sehr hohe ist. Bezüglich der ungefähren Größe der zusätzlichen Verluste siehe näheres bei der Erläuterung zu § 41.

Bei der Abgabe von Garantien hat sich mit der Zeit ein Mißbrauch eingeschlichen. Es wird vielfach eine Genauigkeit in den Wirkungsgraden verlangt und auch zugestanden, welche über die bei der Messung erreichbare Genauigkeit hinausgeht. Es hat keinen Sinn, mit der Wirkungsgradgarantie über die Genauigkeit zu gehen, welche sich eben infolge der unvermeidlichen Meßfehler nur erreichen läßt. Eine Grenze, bis zu welchen Teilen eines Prozent man gehen kann, läßt sich hier nicht ohne weiteres geben, weil dies bei Maschinen mit verschieden hohem Wirkungsgrad verschieden ist. Außerdem spielt natürlich auch die zur Wirkungsgradmessung angewendete bzw. anzuwendende Methode eine wichtige Rolle, denn die Genauigkeit dieser Methoden ist sehr verschieden.

Wirkungsgrad.

Nach § 1 gelten die Angaben über den Wirkungsgrad stets für die dem normalen Betriebe entsprechende Erwärmung. Es ist aber nicht notwendig, daß die Messung im warmen Zustande gemacht wird. Falls dem Schwierigkeiten entgegenstehen, ist es zulässig, die Bestimmungen bei einer anderen Temperatur zu machen, nur muß dafür gesorgt werden, daß durch Umrechnung in einwandsfreier Weise die gemessenen Werte auf die der normalen Belastbarkeit entsprechende Temperatur bezogen werden.

In Wechselstromanlagen wird der Wirkungsgrad von Motoren und Transformatoren von der im Netz vorhandenen Kurvenform beeinflußt. Es wurde daher festgesetzt, daß die Garantien als erfüllt anzusehen sind, sofern sie bei sinusförmiger EMK erreicht werden. Wenn Maschinen und Transformatoren im Anschluß an ein bestimmtes Netz geliefert werden müssen, dessen Kurvenform bekannt gegeben worden ist, hat diese Vorschrift natürlich keine Gültigkeit mehr. Sie ist lediglich von Wichtigkeit für solche listenmäßig hergestellten Maschinen und Transformatoren, welche ohne besondere diesbezügliche Vorschriften verkauft werden. Bei modernen Anlagen ist an sich die Vorschrift von verhältnismäßig geringer Bedeutung, da diese Anlagen beinahe alle mit fast sinusförmiger Kurvenform arbeiten. Gleichzeitig wurden Vorschriften gemacht bezüglich der Symmetrie bei Mehrphasenstrom. Bei verketteten Zweiphasenanlagen und unter Umständen auch bei gewissen Dreiphasenanlagen können die einzelnen Phasen verschiedene Spannungen haben, wodurch der Wirkungsgrad beeinflußt werden kann.

Bei Dreiphasenmotoren kann es vorkommen, daß die Ströme, die in den einzelnen Phasen aufgenommen werden, voneinander abweichen. Es ergeben sich dann auch unter Umständen für die 3 Phasen verschiedene Leistungsfaktoren. In solchen Fällen soll als Leistungsfaktor im Sinne der Verbandsvorschriften der mittlere Leistungsfaktor Geltung haben. Um diesen festzustellen, kann man verschieden vorgehen. Die eine Möglichkeit besteht darin, daß man den Leistungsfaktor jeder Phase für sich ermittelt, indem man in jede ein Wattmeter und ein Amperemeter einschaltet. Aus den 3 Werten hat man dann den Mittelwert zu berechnen. Man kann aber auch nach der Zweiwattmetermethode messen und die Stromstärke jeder Phase feststellen. Der mittlere Leistungsfaktor ergibt sich dann aus dem Mittelwert der drei Ströme und der durch die Zweiwattmetermessungen festgestellten Gesamtleistung.

Bezüglich des vorletzten Absatzes des § 33 ist noch zu bemerken, daß natürlich nur diejenigen Verluste in der Felderregung berücksichtigt werden sollen, welche bei dem Bau der Maschine als auf Grund der Unterlagen in Frage kommend angenommen werden konnten. Ein

Beispiel wird am einfachsten zeigen, was hier gemeint war: Nehmen wir an, es ist eine Drehstrommaschine bestellt, welche von einem vorhandenen Netz mit etwa 110 V erregt werden soll. Nun ist die betreffende Spannung aber nachträglich erhöht worden, z. B. auf 120 V, so daß dadurch der im Widerstand entstehende Verlust vergrößert wird. Für diesen vergrößerten Verlust kann natürlich der Lieferant der Maschine nicht verantwortlich gemacht werden.

Vielfach werden zum Abgleichen von Compoundwickelungen, Wendepolwickelungen usw. besondere Widerstände verwendet, indem man sie zu den erwähnten Wickelungen parallel schaltet. Der in solchen Abgleichswiderständen auftretende Verlust ist, da er normal zur Maschine gehört, selbstverständlich mit zu berücksichtigen.

Da heute viele Maschinen und Transformatoren mit künstlicher Kühlung arbeiten, so ist es für den Vergleich verschiedener Konstruktionen unbedingt wichtig, zu wissen, ob für die Kühlung Leistung verbraucht wird und ob diese in den Wirkungsgradangaben mit eingeschlossen ist. Es läßt sich dies jedoch nicht in allen Fällen durchführen, da es vielfach bei Verwendung von Wasserkühlung schwer sein wird, anzugeben, welche Leistung dieser Wassermenge entspricht. Ebenso würde es schwierig sein, bei Luftkühlung eine Angabe der entsprechenden Leistung zu machen, wenn die Kühlluft einem vorhandenen Druckluftnetz entnommen wird. In solchen und ähnlichen Fällen bleibt daher nichts anderes übrig, als auf die Angabe der für die Kühlung verbrauchten Leistung zu verzichten. Um nun aber trotzdem eine Bewertung verschiedener Konstruktionen zu ermöglichen, wurde vorgeschrieben, daß bei Angabe des Wirkungsgrades einer künstlich gekühlten Maschine oder eines künstlich gekühlten Transformators ausdrücklich zu bemerken ist, ob die für die Kühlung erforderliche Leistung als Verlust mit in Rechnung gezogen ist.

Zu § 35. Bei Lieferung von Aggregaten sollte man danach streben, die Wirkungsgrade der einzelnen Teile möglichst nicht getrennt anzugeben, sondern nur den Gesamtwirkungsgrad. Dadurch vereinfacht sich die Abnahme des Aggregates ganz außerordentlich, weil es dann nicht notwendig ist, die Einzelwirkungsgrade festzustellen. Dies ist erstens vielfach erheblich komplizierter, und zweitens erübrigt sich dann die besondere Berücksichtigung der zusätzlichen Verluste. Letztere führen fast immer eine Unstimmigkeit im Gesamtresultat herbei. Die genaue Berücksichtigung der zusätzlichen Verluste ist aber sehr schwierig. Man sollte daher möglichst bestrebt sein, diese Komplikation auszuschalten und, soweit irgend möglich, das Gesamtaggregat zu betrachten. Es ist also z. B. bei einer Dampfmaschine, welche mit einer Dynamo gekuppelt ist, das Richtigste, den Wirkungsgrad auf kW und Dampfverbrauch zu beziehen, wodurch sich dann die komplizierte Einzeluntersuchung des Generators und der Dampfmaschine erübrigt.

Methoden zur Bestimmung des Wirkungsgrades.

§ 36.

Leerlauf- und Kurzschlußmethode für Transformatoren: Bei normaler Frequenz werden die Leerlaufverluste bei normaler EMK, und die Kurzschlußverluste bei normalem Strom gemessen. Die Summe dieser Verluste und der Abgabe ergibt die Aufnahme.

§ 37.

Die direkte elektrische Methode: Diese Méthode kann angewendet werden bei Motorgeneratoren, Umformern und Drehtransformatoren, indem man die Aufnahme und die Abgabe durch elektrische Messungen ermittelt.

§ 38.

Die indirekte elektrische Methode: Sind 2 Maschinen gleicher Belastbarkeit, Type und Stromart vorhanden, so werden sie mechanisch und elektrisch derart gekuppelt, daß die eine als Generator, die andere als Motor läuft.

Die für den Betrieb erforderliche Leistung kann mechanisch oder elektrisch zugeführt werden und entspricht der Summe der in beiden Maschinen auftretenden Verluste.

Die Stromstärke beider Maschinen wird so eingestellt, daß ihr Mittelwert gleich dem Normalstrom ist.

Die einzelnen Wirkungsgrade werden berechnet, indem die zugeführten Verluste einschließlich der Erregung zu gleichen Teilen auf die beiden Maschinen verteilt werden.

Die in Hilfsapparaten und Leitungen sowie die in einer Riemenübertragung auftretenden Verluste sind zu berücksichtigen.

Die Methode kann auch für Transformatoren angewendet werden.

§ 39.

Die direkte mechanische Methode: Sie besteht in der direkten Messung der mechanischen und elektrischen Leistung und ist für Generatoren und Motoren anwendbar. Die mechanische Leistung wird durch Dynamometer oder Bremse bestimmt.

§ 40.

Die indirekte mechanische Methode: Sie besteht in der Messung der mechanischen Leistung mittels eines Generators oder Motors von entsprechender Belastbarkeit, dessen Wirkungsgrad bei den verschiedenen Belastungen bekannt ist.

Wird hierbei Riemenübertragung verwendet, so ist der dadurch entstehende Verlust zu berücksichtigen.

Methoden zur Bestimmung des Wirkungsgrades durch Verlustmessung.

Wenn die Bestimmung des Wirkungsgrades (§§ 37—40) nicht oder nicht mit genügender Genauigkeit möglich ist, so sind für Garantie und Messung die meßbaren Verluste zugrunde zu legen, d. h. es wird der Wirkungsgrad aus den meßbaren Verlusten bestimmt, wobei die zusätzlichen Verluste unberücksichtigt bleiben. (Näheres siehe Erläuterungen.)

§ 41.

Leerlaufsmethode: An der in eingelaufenem Zustand als Motor leerlaufenden Maschine mißt man bei normaler Spannung und Drehzahl die Verluste, die infolge von Luft-, Lager- und Bürstenreibung sowie im Eisen auftreten. Die Änderung dieser Verluste mit der Belastung wird nicht berücksichtigt. Durch elektrische Messungen und Umrechnungen wird der Verlust durch Stromwärme in Feld-, Anker-, Bürsten- und Übergangswiderstand bei entsprechender Belastung ermittelt.

Die Summe dieser Verluste wird als „meßbare Verluste" bezeichnet. Als Wirkungsgrad gilt dann das Verhältnis:

$$\frac{\text{Abgabe}}{\text{Abgabe} + \text{meßbare Verluste}}$$

oder $\dfrac{\text{Aufnahme} - \text{meßbare Verluste}}{\text{Aufnahme}}$

Bei Bestimmung der meßbaren Verluste ist auf den warmen Zustand der Maschine, und bezüglich des Übergangswiderstandes auf die Bewegung und richtige Stromstärke Rücksicht zu nehmen. Bei Asynchronmotoren können die Verluste im Sekundäranker anstatt durch Widerstandsmessungen durch Messung der Schlüpfung bestimmt werden.

§ 42.

Hilfsmotormethode: Stellen sich der Ermittelung der Verluste nach § 41 Schwierigkeiten entgegen, so kann der Leerlaufsverlust durch einen Hilfsmotor festgestellt werden. Man mißt die Aufnahme des antreibenden Motors bei normaler Spannung und Drehzahl der zu untersuchenden Maschine und zieht davon die im Hilfsmotor sowie die in der etwa angewendeten Riemenübertragung entstehenden Verluste ab.

Die Verluste im Hilfsmotor werden nach § 41 bestimmt und der Wirkungsgrad wird, wie dort angegeben, berechnet.

Die bei der Belastung in der zu messenden Maschine auftretenden Verluste durch Stromwärme werden wie in § 41 berücksichtigt.

§ 43.

Wenn bei Maschinen, die mit dem Antriebsmotor direkt gekuppelt sind, eine Verlustmessung erforderlich ist, und die Methoden der §§ 41 und 42 nicht anwendbar sind, so kann bei Kolbenmaschinen die Indikatormethode, bei Dampfturbinen die Kondensatwägung angewendet werden, die jedoch beide nicht sehr genau sind. Näheres siehe Erläuterungen.

§ 44.

Trennungsmethode: Bei Maschinen, die nur unter Benutzung von fremden Lagern arbeiten können, ist der Wirkungsgrad ohne Berücksichtigung der Luft- und Lagerreibung in folgender Weise zu bestimmen: Die Eisenverluste werden elektrisch festgestellt dadurch, daß die Maschine, in ähnlicher Weise wie bei der Leerlaufsmethode als Motor laufend, untersucht wird,

Um den Verlust für Luft-, Lager- und Bürstenreibung von den Eisenverlusten trennen zu können, ist in folgender Weise zu verfahren: Die Maschine muß bei mehreren verschiedenen Spannungen mit normaler Drehzahl in eingelaufenem Zustande untersucht werden. Diese Beobachtungswerte sind graphisch aufzutragen, und es ist die erhaltene Kurve so zu verlängern, daß der bei der Spannung „Null" auftretende Verlust ermittelt werden kann. Dieser Wert gibt den Reibungsverlust an und ist von dem bei normaler Spannung beobachteten Leerlaufsverlust in Abzug zu bringen. Der Rest ist als Eisenverlust anzusehen. Die Bürstenreibungsverluste sind besonders zu messen. Die Berechnung des Wirkungsgrades erfolgt dann nach § 41.

Zu § 36. Bei Transformatoren mit großen Stromstärken, bei denen das Kupfer nicht stark unterteilt ist, muß berücksichtigt werden, daß bei Belastung Wirbelströme im Kupfer entstehen. Diese werden dadurch ermittelt, daß man die Jouleschen Verluste bei der richtigen Stromstärke mittelst Wattmeter festellt. In dem so gemessenen Werte sind dann die Verluste für Wirbelströme im Kupfer mit enthalten. Da Wattmeter für große Stromstärken leicht ungenau sind, ist es zweckmäßig, das Wattmeter in die dünndrähtige Wicklung zu legen und die dickdrähtige kurzzuschließen.

Zu § 37. Die direkte elektrische Methode ist in vielen Fällen am einfachsten durchzuführen. Sie ist jedoch nur auf Maschinenarten anzuwenden, welche elektrische Arbeit in elektrische verwandeln. Diese Methode ist außerdem nicht immer einwandsfrei. Keinerlei Schwierigkeiten ergeben sich bei Gleichstrom für Motorgeneratoren und Umformer kleiner und mittlerer Leistung. Hier ist die Messung der Aufnahme wie der Abgabe mit großer Genauigkeit durchführbar, so daß ein einwandsfreies Resultat erzielt werden kann.

Bei solchen Maschinen mit großer Leistung können aber auch wieder Schwierigkeiten bezüglich der genauen Messung sich ergeben, insbesondere wenn es sich um sehr hohe Stromstärken handelt.

Bei kleineren und mittleren Motorgeneratoren und Umformern für Drehstrom-Gleichstrom, Wechselstrom-Gleichstrom, Drehstrom-Wechselstrom und umgekehrt mit nicht allzu hohen Spannungen ist diese Methode gleichfalls gut. Bei größeren Maschinen der genannten Art ergeben sich dagegen vielfach Bedenken bezüglich der Genauigkeit der Messung. Hat die Maschine hohe Spannung, so gibt diese Veranlassung zu Schwierigkeiten in der Ausführung der Messung, da nicht immer geeignete Spannungs- und Stromwandler zur Hand sind. Ist die Spannung aber niedrig, so werden die Stromstärken sehr groß und somit die Wattmessung der Wechselstrom- bzw. Drehstromseite ungenau, da zuverlässige Wattmeter für große Stromstärken nicht überall zu erhalten sind.

Hierzu kommt noch, daß Wattmeter für große Stromstärken leicht durch in der Nähe fließende Ströme beeinflußt werden. In solchen Fällen ist es besser, mittels einer der indirekten Methoden den Wirkungsgrad zu bestimmen.

Die indirekte elektrische Methode ist im Gegensatz zur direkten theoretisch ungenau, während sie den Vorzug besitzt, bei großen Maschinen bequem durchführbar zu sein, da man dem System nur den Verlust zuzuführen braucht. Die theoretische Ungenauigkeit ergibt sich daraus, daß alle Maschinenarten sich verschieden verhalten, je nachdem ob sie als Generator oder als Motor betrieben werden. Dagegen ist die Meßgenauigkeit bei dieser Methode verhältnismäßig groß, weil die Meßfehler nur Prozente der Verluste betragen können und auf das Gesamtresultat infolgedessen nur geringen Einfluß haben. Dies bewirkt, daß trotz der erwähnten Unvollkommenheit diese Methode in manchen Fällen sehr zweckmäßig zu verwenden ist. Die verschiedenen, zur Ausführung vorgeschlagenen Schaltungsarten von Hopkinson, Kapp, Hutchinson und Blondel sind von Brion ETZ 1909, Seite 865 eingehend behandelt, woselbst besonders darauf hingewiesen ist, daß die letzten beiden angegebenen Methoden eine größere Genauigkeit erreichen lassen als die beiden ersten.

Bei Verwendung einer Bremse hängt die Genauigkeit sehr von der zur Verwendung kommenden Konstruktion, auf welche leider oft nicht genügend Rücksicht genommen wird, ab. Es war sogar vielfach das Bestreben vorhanden, die Bremsung mit Rücksicht auf diese Ungenauigkeiten ganz auszuschließen, doch wurde davon Abstand genommen, weil sie dem Maschineningenieur so geläufig ist und weil verbesserte Bremsen geschaffen worden sind, welche die Möglichkeit geben, eine größere Genauigkeit zu erreichen.

Für die Prüfung kleiner Motoren werden vielfach Wirbelstrombremsen verwendet, mit denen eine sehr große Genauigkeit erzielt werden kann.

Auf einen anderen Umstand, welcher bei der Durchführung der Bremsung Anlaß zu Fehlern geben kann, soll hier noch hingewiesen werden. Da die gesamte von dem zu untersuchenden Motor abgegebene Leistung an der Bremsscheibe in Wärme umgesetzt wird, kann leicht der Fall eintreten, daß die Wärme durch Leitung oder Strahlung auf den Anker, die Magnetspulen usw. übertragen und somit ein falsches Resultat bezüglich der Erwärmung erzielt wird. Nach dieser Richtung hin muß man bei der Durchführung der Bremsung vorsichtig sein, was ja aber durch Anwendung einer entsprechenden Kühlvorrichtung leicht möglich ist.

Außer den Meßmethoden mittels Riemendynamometer, deren Genauigkeit nicht besonders groß ist, sind in den letzten Jahren noch andere Arten der direkten Messung mechanischer Leistung mittels Torsionsdynamometer ausgearbeitet worden. Diese beruhen auf der Messung der Torsion eines zwischen Kraftmaschine und Generator oder Motor und Arbeitsmaschine eingeschalteten Stahlstückes. Die Ablesung geschieht, da es sich um sehr geringe Verdrehung handelt, mittels Spiegel, wodurch die Anwendbarkeit der Methoden auf Laboratorien und Versuchsräume im allgemeinen beschränkt sein wird. In der Anlage selbst wird es nur in wenigen Fällen möglich sein, mit solchen Hilfsmitteln zu arbeiten. Diese Torsionsdynamometer zeichnen sich aber durch eine außerordentlich große Genauigkeit aus, so daß es gelingt, mit denselben wenige Watt Belastung festzustellen. Z. B. kann man die durch das Auflegen einer Kohle entstehende Reibung mittels eines solchen Dynamometers genau messen. Theorie und Beschreibung solcher Torsionsdynamometer siehe Görges und Weidig, ETZ 1913, Seite 701 und V. Vieweg, Archiv für Elektrotechnik, Band 2, Seite 49.

Zu § 40. Die indirekte mechanische Methode ergibt genügende Genauigkeit, sofern man in der Lage ist, die Hilfsmaschine mit der zu untersuchenden Maschine direkt zu kuppeln. Da dies nur in wenigen Fällen möglich sein wird, wurde auch die Anwendung von Riemenübertragung zugelassen, doch kommen dadurch Verluste herein, deren Größe man nicht genau bestimmen kann. Eine derartige Untersuchung ist immer als ein Notbehelf zu betrachten, so daß es zweckmäßiger sein dürfte, in solchen Fällen die in § 41 beschriebene Methode anzuwenden.

Zu § 41. Die bisher beschriebenen Methoden zur Bestimmung des Wirkungsgrades sind verhältnismäßig einfach durchführbar. Ihre Anwendung ist jedoch nur bei bestimmten Klassen von Maschinen möglich. Bei elektrischen Maschinen, die mit der Kraft- bzw. Arbeitsmaschine direkt gekuppelt sind, ergeben sich bei der direkten Ermittlung des Wirkungsgrades insofern Schwierigkeiten, als die zugeführte bzw. abgegebene mechanische Leistung nicht bestimmt werden kann. Dieselben Schwierigkeiten ergeben sich aber bei großen Maschinen fast allgemein, da es hier nicht nur bei direkter Kupplung, sondern auch bei anderen Antriebsarten schwierig ist, die zugeführte bzw. abgegebene mechanische Leistung zu messen. Es bleibt dann kein anderer Ausweg, als den Wirkungsgrad rechnerisch zu ermitteln, nachdem durch Messung die Verluste festgestellt sind. Hierfür sind in den §§ 41 bis 44 Methoden entsprechend den verschiedenen Maschinenarten angegeben.

Die Verluste, welche in den elektrischen Maschinen auftreten, können im allgemeinen ziemlich genau ermittelt werden mit Ausnahme einer Kategorie. Dies sind die sogenannten „zusätzlichen Verluste", für deren zuverlässige Bestimmung es bis jetzt noch keine Methode gibt. Es bleibt somit kein anderer Weg übrig, als diese zusätzlichen Verluste bei der Bestimmung des Wirkungsgrades zu vernachlässigen. Man hat noch in Erwägung gezogen, ob es möglich sei, für die verschiedenen Maschinenarten bestimmte Prozentsätze für die zusätzlichen Verluste festzulegen. Nach reiflicher Überlegung ist man aber davon abgekommen, weil der Wert dieser Verluste viel zu stark schwankt. Man hat sich daher entschlossen, die Wirkungsgrade solcher Maschinen, bei denen die Bestimmung des Wirkungsgrades nur durch Verlustmessung möglich ist, ohne Berücksichtigung der zusätzlichen Verluste anzugeben und lediglich an dieser Stelle Anhaltspunkte zu geben, wie hoch ungefähr die zusätzlichen Verluste schätzungsweise eingesetzt werden können, wenn es sich darum handelt, den Wirkungsgrad des ganzen Aggregates (Kraftmaschine und Stromerzeuger) bzw. Motor und Arbeitsmaschine festzustellen. Als Grundlage hierfür kann nachstehende Tabelle dienen.

Die zusätzlichen Verluste betragen ungefähr

bei Gleichstrommaschinen mit vollkommener Kompensierung . . . . 0,1—0,3 %
bei Gleichstrommaschinen mit Wendepolen 0,2—0,6 %
bei Gleichstrommaschinen ohne Wendepole 0,4—1,2 %
bei Drehstrommaschinen . . . . 0,4—1,2 %
bei Wechselstrommaschinen (einphasig) . . 0,8—2,4 %

Die höheren Werte sind im allgemeinen nur bei solchen Maschinen einzusetzen, bei welchen dem ganzen Verhalten nach eine größere Ankerrückwirkung als vorhanden zu erachten ist. In anderen Fällen sind die niedrigeren Werte zu nehmen. Letzteren Werten muß man sich im allgemeinen auch bei Maschinen mit größerer Ankerrückwirkung nähern, wenn sie einen sehr hohen Wirkungsgrad haben, d. h. also, wenn die Gesamtverluste nur etwa 4—6% betragen. Für die Beurteilung der Möglichkeit des Auftretens von zusätzlichen Verlusten ist neben der Ankerrückwirkung auch noch die ganze Bauart der Maschine maßgebend. Es hat sich z. B. gezeigt, daß in vielen Fällen beträchtliche Verluste in den metallischen Schutzschildern entstehen. Eine weitere Ursache der zusätzlichen Verluste ist der Skineffekt, und zwar macht sich dieser nicht etwa nur bei Wechselstrommaschinen geltend, sondern auch bei Gleichstrommaschinen. Näheres hierüber siehe Archiv für Elektrotechnik, Rogowski, Band 2, S. 81, Rüdenberg, Band 2, S. 207 und Fleischmann Band 2, S. 387.

Bei (Einphasen-) Wechselstromgeneratoren und Synchronmotoren ist es für die Größe der zusätzlichen Verluste von wesentlichem Einfluß, ob die Magnetspulen massiv oder lamelliert sind.

Ein Urteil, ob die zusätzlichen Verluste eventuell groß sein können, wird der geübte Fachmann am zweckmäßigsten durch Betrachtung der Konstruktion der Maschine gewinnen. Ein weiterer Anhaltspunkt bietet sich aber auch in dem Auftreten lokaler Erwärmungen. Wenn solche Erwärmungen an einzelnen Stellen, an denen Verluste normalerweise eigentlich nicht auftreten sollten, bei Belastung sich zeigen, so kann auf das Vorhandensein von zusätzlichen Verlusten geschlossen werden. Im besonderen wird man sicher sein, daß diese Verluste erheblich sind, wenn die Erwärmung trotz großer Ausstrahlungsfläche bedeutend wird.

Es wird noch interessieren, zu wissen, wie bezüglich der zusätzlichen Verluste in Amerika verfahren wird. Dort hat man bisher diese Verluste bei der Wirkungsgradbestimmung berücksichtigt. Es hat sich aber gezeigt, daß dies zu ungenügenden Resultaten führt, und es ist daher jetzt in Aussicht genommen, bei der Revision der Maschinennormalien denselben Weg zu beschreiten, wie er in Deutschland schon seit Jahren üblich ist. Man will sich auch dort bei den Maschinen, bei welchen die direkte Wirkungsgradmessung nicht anwendbar ist, mit einem durch Verlustmessung und Rechnung ermittelten Wert begnügen. Es sollen aber, wie dies auch vorstehend geschehen ist, Anhaltspunkte gegeben werden, um die Größe der zusätzlichen Verluste schätzungsweise beurteilen zu können. Hierfür wird in Amerika folgendes als Grundlage gegeben:

Die zusätzlichen Verluste betragen in % der Summe von Ankerkupfer und Eisenverlusten etwa

bei Gleichstrommaschinen . . . . . . 30 %
bei Drehstrommaschinen . . . . . . 10 %
bei Drehstrom-Gleichstromumformern mit
   60 Frequenz . . . . 10 %
bei Drehstrom-Gleichstromumformern mit
   25 Frequenz . . . . 0 %.

Die Leerlaufmethode, welche im § 41 angegeben ist, wird in einer großen Zahl von Fällen die beste Methode zur Bestimmung des Wirkungsgrades sein, welche überhaupt zur Verfügung steht. Ganz besonders bei Maschinen mit hohen Wirkungsgraden, d. h. also mit verhältnismäßig geringen Verlusten, hat sich diese Methode als die sicherste erwiesen. Näheres hierüber siehe auch noch unter dem zu § 33 Gesagten.

Methoden zur Bestimmung des Wirkungsgrades.

Bei der Leerlaufsmethode ist angegeben, daß der Verlust, der beim Betriebe der Maschine mit normaler Drehzahl und Feldstärke in eingelaufenem Zustande auftritt, gemessen werden soll. Dies ist selbstverständlich so zu verstehen, daß hier nicht immer direkt die aufgenommenen Werte eingesetzt werden sollen, sondern, daß, falls es notwendig ist, eine Korrektur unter Berücksichtigung der Jouleschen Verluste in Anker, Bürsten und Übergangswiderstand, während des Leerlaufes vorgenommen wird. In vielen Fällen wird diese Korrektur sehr unbedeutend sein, doch gibt es auch Fälle, wo sie nicht vernachlässigt werden darf, z. B. bei Drehstrommotoren.

Die Lagerreibung, welche bekanntlich mit der Temperatur stark veränderlich ist, muß vor Beginn der Untersuchung einen konstanten Wert angenommen haben. Bestimmte Zahlen, wann dieser Zustand erreicht ist, können allgemein nicht angegeben werden, da sie von der Größe und Bauart der Lager abhängen. Man führt daher am besten den Versuch so durch, daß man die Maschine bei konstanter Spannung einlaufen läßt und die Leerlaufsenergie während der Einlaufsperiode ab und zu beobachtet. Tritt keine Änderung mehr ein, so ist die Lagerreibung konstant. Im allgemeinen wird dies nach drei bis fünf Stunden der Fall sein. Es ist notwendig, das Einlaufen der Maschine mit annähernd derjenigen Drehzahl vorzunehmen, bei welcher der Wirkungsgrad bestimmt werden soll. Dies kommt daher, daß die Temperatur des Lagers von der Drehzahl der Welle und die Reibung wieder von der Temperatur abhängt.

Als sehr wichtige Tatsache ist weiter bei der Messung zu beachten, daß der Energieverbrauch der leerlaufenden Maschine nicht allein abhängt von dem in der Maschine liegenden Verlust, sondern auch davon, ob bezüglich des im rotierenden Teile aufgespeicherten Arbeitsvermögens ein Gleichgewichtszustand eingetreten ist. Wenn beispielsweise bei einer Maschine die Drehzahl zu niedrig ist und die Erregung behufs Einregulierung auf richtige Drehzahl geändert wird, so steigt zunächst der Energieverbrauch bedeutend und nimmt allmählich ab, sobald dem Anker so viel Arbeitsvermögen zugeführt worden ist, wie der höheren Drehzahl entspricht. Bei Maschinen, die große Schwungmassen besitzen oder mit einem Schwungrad direkt verbunden sind, kann die Erreichung des Gleichgewichtszustandes längere Zeit in Anspruch nehmen, so daß man darauf bei der Ablesung sorgfältig achten muß. In ähnlicher Weise wirken auch Spannungs- bezw. Frequenzschwankungen der Stromquelle. Bei Gleichstrom ist es daher empfehlenswert eine große Akkumulatorenbatterie an die möglichst nichts anderes angeschlossen ist, zu verwenden.

Bei Gleichstrommaschinen sind während der Leerlaufsversuche die Bürsten in die neutrale Stellung zu bringen. Näheres hierüber siehe in dem Aufsatz von W. Linke. „Die Bestimmung des Wirkungsgrades von Gleichstrommaschinen", ETZ. 1908, Seite 1049. Während der Dauer dieser Messungen darf die Stellung der Bürsten nicht geändert werden.

Da der Energieverbrauch bei leerlaufenden Maschinen erfahrungsgemäß periodisch schwankt, so empfiehlt es sich, mehrere Ablesungen zu machen, und sofern dieselben voneinander abweichen, den Mittelwert zu nehmen.

Bei der Bestimmung der normalen Feldstärke ist auf den Ohmschen Spannungsabfall im Anker und Übergang zu den Bürsten Rücksicht zu nehmen, so daß bei Generatoren die Untersuchung mit einer entsprechend höheren, bei Motoren mit einer entsprechend niedrigeren Spannung als der Bürstenspannung bei normaler Stromstärke durchgeführt werden muß.

Eine vorhandene Compound-Wicklung braucht bei dieser Untersuchung nicht mit eingeschaltet zu werden, da die Erreichung der normalen Feldstärke ohne weiteres durch entsprechende Einregulierung der Nebenschlußwicklung möglich ist. Bei Hauptstrommaschinen ist es notwendig, eine fremde Stromquelle zur Erregung der Magnete zu benutzen.

Der Übergangswiderstand einer Maschine ist bekanntlich von dem Zustande des Kollektors und der Bürsten, der Stromdichte, Stromrichtung, Temperatur an der Übergangsstelle, Umfangsgeschwindigkeit, Stromart und dem Auflagedruck abhängig. Man ersieht also, daß seine Bestimmung schwierig und infolgedessen mit großer Vorsicht auszuführen ist. Um diese Schwierigkeiten zu vermeiden, ist vorgeschlagen worden, von der Messung des Übergangswiderstandes ganz abzusehen und eine rechnerische Bestimmung der Übergangsverluste zuzulassen, wofür man in der Literatur vorhandene Kurven als Unterlage benutzen kann.

Nach den Erfahrungen, welche man mit dieser Art der Bestimmung gesammelt hat, hält die Kommission das rechnerische Vorgehen für zulässig, denn die Genauigkeit, welche auf diesem Wege erreicht wird, ist zum mindesten derjenigen gleichwertig, welche sich bei wirklichen Messungen ergibt. Es hat sich gezeigt, daß bei Graphitkohlen der Spannungsverlust durch Übergang an beiden Polen (+ und — Pol) im Mittel ungefähr 1,5 V beträgt. Die Werte, welche man an Maschinen findet, schwanken naturgemäß, und zwar bewegen sich die Abweichungen im allgemeinen zwischen 1,0 und 2,0 V. Es wird möglich sein, in vielen Fällen mit dem angegebenen Mittelwert bei Bestimmung des Wirkungsgrades zu arbeiten. Wo jedoch Bedenken vorliegen, daß hierbei die Genauigkeit nicht genügend ist,

Methoden zur Bestimmung des Wirkungsgrades. 75

muß man den durch Übergang bedingten Verlust messen. Geschieht dies, so muß bei Berechnung des Wirkungsgrades für verschiedene Belastung die Änderung des Übergangswiderstandes mit der Stromdichte berücksichtigt werden.

Bei Bürsten mit sehr großen Kohlenklötzen erreicht man ein gutes Aufschleifen erst nach längerer Betriebszeit. Ohne eine solche, die im Probierraum nicht immer innegehalten werden kann, ergibt die Messung des Übergangswiderstandes leicht zu ungünstige Werte. Es ist daher als zulässig erachtet worden, die Bestimmung des Übergangswiderstandes unter Umständen getrennt von den übrigen Messungen vorzunehmen. Es können daher alle anderen Messungen bzw. Untersuchungen im Probierraum, die Messung des Übergangswiderstandes nach einiger Betriebszeit in der Anlage durchgeführt werden.

Die Messungen der Widerstände des Ankers, der Magnetspulen usw., sollen in dem der normalen Belastbarkeit entsprechenden warmen Zustande der Maschine ausgeführt werden, so daß es am zweckmäßigsten ist, sie im Anschluß an die Dauerprobe vorzunehmen. Ist dies jedoch nicht durchführbar, so ist es auch zulässig, die Widerstände im kalten oder in einem zwischenliegenden Zustande zu bestimmen und die Widerstandszunahme durch einwandsfreie Umrechnung zu bestimmen.

Bei asynchronen Motoren mit Schleifringen ist der Verlust im Sekundäranker bekanntlich abhängig von dem Widerstand der Verbindungsleitungen zwischen Schleifringen und Anlaßwiderstand. Es ist daher vorausgesetzt, daß diese Verbindungsleitungen eine den normalen Verhältnissen entsprechende Länge haben, falls nicht vorher besondere Angaben darüber gemacht waren. Wenn der Widerstand in einer abnormal großen Entfernung aufgestellt ist, so würde das Resultat zu ungünstig herauskommen. In solchen Fällen ist es zulässig, den Anlaßwiderstand für die Wirkungsgrad-Untersuchung in der Nähe des Motors aufzustellen.

Bei Untersuchungen von Wechselstrom- und Drehstrom-Generatoren sowie synchronen Motoren ist die Leerlaufmethode natürlich gleichfalls anwendbar, nur muß man hierbei darauf achten, die Erregung jedesmal so einzustellen, daß der Stromverbrauch ein Minimum wird, was Phasengleichheit zwischen Strom und Spannung entspricht.

Bezüglich der Anwendbarkeit der verschiedenen Methoden zur Bestimmung des Wirkungsgrades, der dabei zu erzielenden Ergebnisse und der Vernachlässigung der zusätzlichen Verluste sei auf das in den Erläuterungen zu §§ 33 und 41 Gesagte verwiesen. *Zu § 42.*

Die Hilfsmotormethode ist eine Abänderung der Leerlaufmethode für den Fall, daß die Leerlaufmessung direkt nicht möglich ist. Dies würde z. B. der Fall sein, wenn keine gleichartige Stromquelle zur Verfügung steht.

Daß man bei Durchführung dieser Methode die Riemenübertragung nach Möglichkeit vermeiden muß, ist selbstverständlich, da die Feststellung des Verlustes durch Steifigkeit des Riemens nicht möglich ist. Berücksichtigt muß dieser Verlust jedoch werden, so daß nichts anderes übrig bleibt, als ihn zu schätzen. Die Verluste, welche durch Schlüpfung entstehen, sind meßbar und müssen natürlich auch ermittelt werden. Man sollte, wenn irgend möglich, den Hilfsmotor direkt kuppeln und Riemenübertragung nur anwenden, wenn diese unvermeidbar ist, und eine andere Methode sich nicht besser eignet.

Diejenigen Verluste im Hilfsmotor, die sich bei unerregter und erregter Versuchs-Maschine ändern, müssen, mit Ausnahme der zusätzlichen Verluste, entsprechend berücksichtigt werden. Dadurch wird die Durchführung dieser Methode ziemlich kompliziert, so daß man sie nach Möglichkeit vermeiden wird. Bequem ist sie jedoch in solchen Fällen, wo ohnehin zwei Maschinen auf der gleichen Achse sitzen, so z. B. bei Wechselstrommaschinen mit angebautem Erreger. Bezüglich der Ermittlung der anderen Verluste gilt alles dasjenige, was bei der Leerlaufsmethode gesagt ist.

Für Dampfdynamos, bei denen die Dynamo mit zwei Lagern versehen und abkuppelbar ist, ist die Bestimmung der Leerlaufsverluste mittels Indikator zugelassen worden, indem die Dampfmaschine mit erregter Dynamomaschine und nach Lösung der Kupplung ohne die Dynamomaschine indiziert wird. Bezüglich des Indizierens sei auf das bei der Indikatormethode später zu erörternde verwiesen.

Die Berechnung des Wirkungsgrades hat im übrigen genau nach den Bestimmungen, welche in § 41 bei der Leerlaufsmethode gemacht sind, zu erfolgen.

Als Hilfsmotor kann auch die Antriebsdampfmaschine verwendet werden, wenn sie von der Dynamo abkuppelbar ist. Die Ermittlung muß dann in der Weise vorgenommen werden, daß zuerst die Dampfmaschine einschließlich unbelastetem Generator mit normaler Drehzahl und Erregung und dann, wieder nachdem die Kupplung gelöst ist, die Dampfmaschine allein indiziert wird. Die Differenz zwischen beiden ist als Leerlaufsverlust für Luft-, Lager- und Bürstenreibung, sowie für Hysteresis und Wirbelströme zu betrachten, wobei auf etwaige gleichzeitig von der Dampfmaschine erzeugte Erregung Rücksicht zu nehmen ist. Wegen der den Leerlaufdiagrammen anhaftenden Ungenauigkeit ist diese Methode mit besonderer Vorsicht zu verwenden. Näheres hierüber siehe Erläuterungen zu § 43.

Bezüglich der Anwendbarkeit der verschiedenen Methoden zur Bestimmung des Wirkungsgrades, der dabei zu erzielenden Ergebnisse und der Vernachlässigung der zusätzlichen Verluste sei auf das in den Erläuterungen zu §§ 33 und 41 Gesagte verwiesen.

Wird der Generator durch eine Dampfmaschine direkt angetrieben, und ist er nicht abkuppelbar, so ist der Wirkungsgrad ohne Rücksicht auf Reibung zu bestimmen. Die bei Leerlauf auftretenden Eisenverluste sind bei normaler Drehzahl und Klemmenspannung mit Indikatordiagrammen derart zu bestimmen, daß die Dampfmaschine bei erregtem und unerregtem Felde indiziert wird. Wird die Erregung von der gleichen Dampfmaschine geliefert, so ist die dafür benötigte Leistung in Abzug zu bringen. Die verbleibende Differenz wird als der im Eisen bei Leerlauf entstehende Verlust angesehen, dessen Änderung mit der Belastung nicht berücksichtigt wird. Durch elektrische Messungen und Umrechnungen wird der Verlust durch Stromwärme im Feld, Anker, Bürsten und deren Übergangswiderstand bei Belastung ermittelt, wobei bezüglich des letzteren auf die Bewegung und die richtige Stromstärke, bezüglich der ersteren auf den warmen Zustand der Maschine Rücksicht zu nehmen ist.

Gegen die Indikatormethode sind in einigen Fällen Bedenken geäußert worden. Andererseits liegen aber auch sehr gute Resultate, welche mit dieser Methode erreicht worden sind, vor, so daß es zweckmäßig erschien, dieselbe zuzulassen für den Fall, daß andere Methoden sich als nicht anwendbar erweisen. Es ist natürlich notwendig, beim Durchführen dieser Methode zum Indizieren durchaus sachverständige und geübte Hilfskräfte zu verwenden. Arbeitet man mit entsprechend abgedrosseltem Dampf, so daß die richtige Füllung erzielt wird, so sind bei genügender Vorsicht mit dieser Methode gute Resultate zu erzielen. Jedenfalls ist sie, da zwei Leerlaufsdiagramme miteinander verglichen werden, vielfach noch besser, als die übliche Methode zur Bestimmung des Wirkungsgrades der Dampfmaschine durch Indizierung bei Leerlauf und Vollbelastung, da hier ganz verschiedene Diagramme in Beziehung zueinander gebracht werden.

Um auch für Dampfturbinen eine Möglichkeit zur Bestimmung des Wirkungsgrades zu geben, im Falle die Methoden der Paragraphen 41 und 42 nicht anwendbar sind, wurde die Methode der Kondensatwägung vorgesehen. Diese Methode ist genau so zuwenden wie die Indikatormethode, nur mit dem Unterschiede, daß an die Stelle der Indizierung die Feststellung des Gewichtes des Kondensates tritt.

Bezüglich der Anwendbarkeit der verschiedenen Methoden zur Bestimmung des Wirkungsgrades, der dabei zu erzielenden Ergebnisse und der Vernachlässigung der zusätzlichen Verluste sei auf das in den Erläuterungen zu §§ 33 und 41 Gesagte verwiesen.

Hinsichtlich der Verteilung der Reibungsverluste bei direktem Zusammenbau der elektrischen Maschinen mit Kraftmaschinen oder Arbeitsmaschinen entstehen hin und wieder Unklarheiten. Es ist in manchen Fällen nicht ohne weiteres zu sagen, ob die Reibung des bzw. der gemeinschaftlichen Lager zum elektrischen Teil oder zu dem mechanischen Teil des Aggregates gehöre. Ferner bestehen bei Schwungradmaschinen Unklarheiten darüber, ob die Luftreibung zur Dampfmaschine oder zur Dynamo gehört. Aus diesen Gesichtspunkten heraus wurde von der Kommission für die Ermittlung des Wirkungsgrades eine grundlegende Unterscheidung dahin eingeführt, daß für elektrische Maschinen, welche selbständig arbeiten, d. h. die ohne Zuhilfenahme fremder Lager untersucht werden können, die Reibung als zum elektrischen Teil gehörig betrachtet werden soll, während bei solchen Maschinen, die nicht abkuppelbar sind bzw. nicht ohne Zuhilfenahme fremder Lager in Betrieb genommen werden können, die Reibung nicht zur elektrischen Maschine zu rechnen ist.

Bei der Trennungsmethode werden die Verluste durch Reibung und diejenigen im Eisen zusammen durch Leerlauf als Motor ermittelt und dann derjenige für Reibung wieder in Abzug gebracht. Es werden die Leerlaufsverluste bei normaler Drehzahl und bei verschiedener Spannung gemessen, wobei man mit der Spannung soweit wie nur irgend möglich herunter gehen soll. Trägt man die so erhaltenen Werte, welche natürlich mit Rücksicht auf den bei Leerlauf vorhandenen Jouleschen Verlust im Anker und Übergang zu den Bürsten entsprechend korrigiert sein müssen, graphisch auf, so kann man durch Verlängerung der Kurve den Verlust ermitteln, welcher auftreten würde, wenn man die Maschine mit Null Volt laufen lassen könnte. Da bei Null Volt aber der Verlust im Eisen Null sein muß, so ist der durch Verlängerung der Kurve erhaltene Wert der Verlust für Reibung.

In Abb. 3 ist das Ergebnis der Untersuchung einer solchen Maschine, die ohne fremde Lager nicht in Betrieb genommen werden kann, wiedergegeben. Die Maschine war für 65 Volt 33 Amp. $n = 250$ bestimmt. Der bei normaler Spannung beobachtete Leerlaufsverlust beträgt 250 Watt, während der Reibungsverlust 180 Watt ist. Der Verlust für Hysteresis und Wirbelströme beträgt demnach 70 Watt.

Bezüglich der graphischen Auftragung sei hier auf ein Mittel zur Erhöhung der Genauigkeit hingewiesen. Dieselbe ist gegenüber den Veröffentlichungen „ETZ" 1891, Seite 515 und „ETZ" 1899, Seite 203, in welchen der Leerlaufsverlust als Funktion der Spannung gezeichnet ist, von Dr. Breslauer dahin abgeändert.

worden, daß der Verlust als Funktion des Quadrates der Spannung aufgetragen wird. Dadurch rücken die Punkte niedrigerer Spannung näher zusammen und man hat die Kurve weniger weit zu verlängern, wodurch die Genauigkeit erhöht wird.

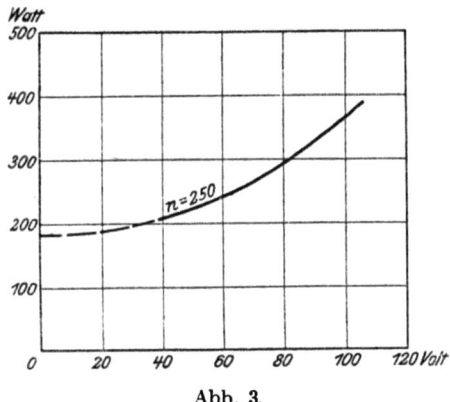

Abb. 3.

Die Trennungsmethode ist übrigens ebenso wie die Leerlaufmethode nicht nur für Gleichstrom verwendbar, sondern auch für Wechsel- und Drehstrommaschinen. Bei Drehstrommotoren ist sie unter Umständen mit kleinen Fehlern verbunden. Näheres hierüber siehe „Die Kurvenformen und Ströme in Drehstrommotoren und die Trennung der Verluste" von Dr. K. Simons und Diplom-Ingenieur K. Vollmer, „ETZ" 1908, Seite 93. Jedenfalls ist der eventuell eintretende Fehler ohne große Bedeutung, da er nur Prozente der Verluste beträgt und somit auf den Wirkungsgrad ohne nennenswerten Einfluß ist.

In vielen Fällen wird es bei der Trennungsmethode zweckmäßiger sein, die Eisenverluste mittels Hilfsmotor zu bestimmen. Das Wesentliche an der Methode ist eben die Trennung des Reibungsverlustes von dem Verluste im Eisen, weil der Verlust für Reibung bei „unselbständigen" Maschinen nicht in Anrechnung kommen soll. Der Unterschied gegenüber der Hilfsmotormethode liegt darin, daß bei dieser Motor und erregte Versuchsmaschine sowie Motor allein zu messen sind, während bei der Trennungsmethode mit Hilfsmotor Motor mit erregter Versuchsmaschine und Motor mit unerregter Versuchsmaschine gemessen werden.

Spannungsänderung.

§ 45.

Unter Spannungsänderung eines fremd erregten Generators versteht man die Änderung der

Spannung, welche eintritt, wenn man bei normaler Klemmenspannung den auf dem Schild angegebenen Ankerstrom abschaltet, ohne Drehzahl und Erregerstrom zu ändern.

Ändert sich die Drehzahl während des Versuchs, so ist dies durch Rechnung zu berücksichtigen.

§ 46.

Unter der Spannungsänderung eines selbsterregten Generators versteht man die Änderung der Spannung, die eintritt, wenn man bei normaler Klemmenspannung den auf dem Schild angegebenen Ankerstrom abschaltet, ohne Drehzahl und Stellung des Feldreglers zu ändern.

§ 47.

Unter der Spannungsänderung eines Generators mit gemischter Erregung (Compound-Maschine) versteht man die Differenz zwischen der höchsten und der niedrigsten Spannung, die ermittelt werden, wenn man den Verlauf der Spannung zwischen Vollast und Leerlauf unter sinngemäßer Berücksichtigung der §§ 45 und 46 aufnimmt.

§ 48.

Wird die Spannungsänderung von Wechselstromgeneratoren für induktive Belastung ohne Nennung des Leistungsfaktors angegeben, so bezieht sich die Angabe auf $\cos \varphi = 0{,}8$.

§ 49.

Bei Transformatoren ist sowohl der Ohmsche Spannungsverlust als auch die Kurzschlußspannung bei normaler Stromstärke anzugeben, beides auf den Sekundärkreis bezogen.

Es ist zulässig, die Kurzschlußspannung bei einer von der normalen nicht allzusehr abweichenden Stromstärke zu messen und proportional auf normale Stromstärke umzurechnen.

Zu §§ 45 bis 47. Früher war es üblich, als Kriterium für das Verhalten der Wechselstrommaschinen im Betrieb den Spannungsabfall anzugeben. Die Bestimmung desselben bei stark induktiver Belastung war unter Umständen sehr schwierig, da das Feld weggeblasen werden konnte. Man hatte daher vielfach nicht den Spannungsabfall bei Belastung bestimmt, sondern die Spannungserhöhung bei Entlastung festgestellt und diesen Wert trotzdem als Spannungsabfall bezeichnet. Dieser Ausdruck war dann natürlich unlogisch.

In den Normalien wurde daher eine andere Ausdrucksweise als die bis dahin übliche gewählt und zwar das Wort „Spannungsänderung". Dieses Wort hatte damals keine spezielle Bedeutung und konnte daher, ohne daß Verwechslungen zu befürchten waren, gewählt werden. Bei Gleichstrommaschinen für Akkumulatorenladung, welche mit verschiedener Spannung arbeiten, hat man nun allerdings auch eine Änderung der Spannung, doch wird dieselbe fast durchweg als Spannungsveränderung bezeichnet. - Die Verschiedenheit jener Bezeichnungen entspricht auch den tatsächlichen Vorgängen, da die Spannung bei der erwähnten Gleichstrommaschine für Akkumulatorenladung von außen her verändert wird, während die Spannung bei der verschieden belasteten Maschine sich von selbst ändert.

Von verschiedenen Seiten wurde vorgeschlagen, das Verhältnis des Kurzschlußstromes bei normaler Erregung zum normalen Strom als Maß für das Verhalten der Maschine bei verschiedener Belastung anzunehmen. Dies ist jedoch nicht richtig. Es kann eine Maschine mit sehr günstigem Verhältnis von Kurzschlußstrom zu dem Normalstrom doch einen starken induktiven Spannungsabfall haben, wie auch umgekehrt eine Maschine mit ungünstigem Verhältnis von Kurzschluß- zum Normalstrom verhältnismäßig nicht so ungünstig in bezug auf Spannungsänderung sein kann.

Die Angaben über die Spannungsänderung müssen sich naturgemäß auf den der normalen Belastung entsprechenden warmen Zustand der Maschine beziehen.

Wird die Spannungsänderung in Prozenten angegeben, so bezieht sich diese Angabe stets auf die normale Spannung.

Die Abschaltung des Versuchsstromes darf, damit die Drehzahl konstant erhalten werden kann, langsam vorgenommen werden.

Da bei Compoundmaschinen die Spannung bei einer mittleren Belastung eine höhere sein kann als bei Leerlauf und voller Belastung, so ist hier ausdrücklich angegeben, daß als Spannungsänderung die Differenz zwischen der größten und kleinsten vorkommenden zu nehmen ist.

Da in den verschiedenen Betrieben die Phasenverschiebung erheblich variiert, und da es außerordentlich umständlich sein würde, für den jedesmaligen vorkommenden Wert der Spannungsänderung zu ermitteln, wurde hier ein bestimmter Fall vorgesehen, für den dieselbe anzugeben und zu messen ist. Die Maschine soll mit einem Versuchsstrom, dessen Phasenverschiebung 0,8 beträgt, belastet werden.

Zu § 48.

Die Beschaffung eines derartig verschobenen Stromes ist nicht schwierig. Meistens wird man denselben dadurch erhalten können, daß man die angeschlossenen Motoren leerlaufen läßt (Motoren werden·aber wahrscheinlich da vorhanden sein, wo die Bestimmung des induktiven Spannungsabfalles wichtig ist). Eine andere, sehr bequeme Möglichkeit, den verschobenen Strom zu beschaffen, ist gegeben, sobald mindestens zwei Maschinen vorhanden sind. Man braucht dann nur diese beiden Maschinen parallel zu schalten und falsch zu erregen derartig, daß die Versuchsmaschine zu stark und die zweite Maschine zu schwach erregt wird. Damit hat man es in der Hand, jede beliebige Phasenverschiebung und Größe des Stromes zu erzielen. Eine andere Möglichkeit ist gegeben durch die Verwendung transportabler und leicht veränderlicher Drosselspulen, die man zweckmäßig in Öl setzt, damit sie kurzzeitig sehr große Ströme aushalten können.

Zu § 49. Die erwähnte Kurzschlußspannung bei normaler Stromstärke ist diejenige Spannung, welche in der Primärwicklung benötigt wird, um in der kurzgeschlossenen Sekundärwicklung den normalen Strom zu erzeugen. Da man bei Prüfungen, welche in der Anlage vorgenommen werden, es nicht immer in der Hand hat, gerade den richtigen Strom in der Sekundärwicklung entstehen zu lassen, so wurde ausdrücklich bemerkt, daß die Versuche auch mit nicht allzu weit abweichender Stromstärke zulässig sind, wobei man der Ansicht war, daß Abweichungen von $\pm 30\%$ die Grenze bilden sollen.

Es ist mehrfach eingewendet worden, daß der Widerstand des Amperemeters unter Umständen von großer Bedeutung sein kann, sofern es sich um Sekundärwicklung mit sehr niedriger Spannung und sehr hoher Stromstärke handelt. Dieser Einwand ist an sich zwar richtig, doch ist dabei übersehen worden, daß es nicht notwendig ist, das Amperemeter nun gerade in den Sekundärkreis einzuschalten. Man kann es ebensogut in den Primärkreis legen, wenn dieser geringere Stromstärke besitzt, d. h. also, man wird das Amperemeter tunlichst in den Hochspannungskreis bringen, da dort sein Widerstand am wenigsten ausmacht.

Es scheint bei einigen Fachleuten die Ansicht verbreitet zu sein, (was auf den früheren Wortlaut der diesbezüglichen Normalien zurückzuführen sein dürfte), daß der Ohmsche Spannungsverlust gleich sei dem Spannungsabfall für $\cos \varphi = 1$. Wenngleich in manchen Fällen diese beiden Werte übereinstimmen werden, so können sie doch auch voneinander abweichen. Es empfiehlt sich daher, diese beiden Werte auseinander zu halten.

Die Angaben über die Spannungsänderung müssen sich naturgemäß auf den der normalen Belastung entsprechenden warmen Zustand des Transformators beziehen.

Wird die Spannungsänderung in Prozenten angegeben, so bezieht sich diese Angabe stets auf die normale Spannung.

Anhang.

Es empfiehlt sich, bei Neuanlagen und in Preislisten die folgenden Werte für Frequenz, Drehzahl und Spannung möglichst zu berücksichtigen.

Die Frequenz soll 50 sein.

Die Drehzahl bei Maschinen soll nach folgender Tabelle abgestuft werden.

Polzahl bei Wechselstrom	Drehzahl des Generators, Synchronmotors, leerlaufenden Asynchron- oder Gleichstrommotors	Polzahl bei Wechselstrom	Drehzahl des Generators, Synchronmotors, leerlaufenden Asynchron- oder Gleichstrommotors
2	3000	28	214
4	1500	32	188
6	1000	36	166
8	750	40	150
10	600	48	125
12	500	56	107
16	375	64	94
20	300	72	83
24	250	80	75

Die Spannung soll sein
bei Gleichstrommotoren: 110, 220, 440, 500, 750 V,
bei Wechselstrommotoren und auf der Primärseite von Transformatoren: 120, 220, 380 500, 1000, 2000, 3000, 5000, 6000 V.

Die Anlaßspannung bei Asynchronmotoren soll bei Motorleistungen bis einschließlich 20 kW 250 V gegen Erde nicht überschreiten.

Es erschien wünschenswert, über Frequenz, Spannungen, Drehzahlen usw. Normalien aufzustellen, wobei man sich jedoch darüber klar war, daß über diese Punkte keine Vorschriften gemacht werden können, da dies zu sehr in die Fabrikation der einzelnen Firmen, wie auch in die Wirtschaftlichkeit der Anlagen eingreifen würde. Um nun aber doch einen Anhaltspunkt geben zu können und eventl. einen Übergang für spätere Vorschriften nach dieser Richtung hin zu schaffen, einigte man sich dahin, diese Angaben nicht als

Vorschriften herauszugeben, sondern dieselben in einem Anhange nur zu empfehlen. Es sind infolgedessen die in dem Anhange enthaltenen Normen nicht bindend, sondern es wird von seiten des Verbandes Deutscher Elektrotechniker nur empfohlen, sich diesen Normen möglichst anzuschließen.

Im allgemeinen hat man in Deutschland ziemlich einheitlich eine Frequenz von 50 (= 100 Wechsel pro Sek. nach der alten Bezeichnung) zur Ausführung gebracht, so daß hier eine Normalisierung verhältnismäßig am leichtesten durchzuführen war. Es sind nur wenige Anlagen mit anderen Frequenzen, als der genannten, ausgeführt worden. Zu nennen sind von den in Deutschland noch angewendeten Zahlen 42, 40, 25, $16^2/_3$ und 15.

Bei Maschinen für direkte Kupplung schwanken die von den einzelnen Firmen bevorzugten Drehzahlen sehr erheblich, ohne daß die eine oder andere besondere Gründe für die Wahl dieser Zahlen hat bzw. gehabt hat. Seitdem die Zahl der Wechsel- und Drehstromanlagen sich vermehrt hat, haben sich die Abweichungen schon etwas verringert. Bei diesen sind bekanntlich nur bestimmte Drehzahlen möglich, wenn eine gewisse Frequenz eingehalten werden soll. Diese Zahlen wurden dann ohne weiteres auch auf Gleichstrom übertragen. Es ist also möglich, von den für Drehstrom geeigneten Drehzahlen auszugehen und damit Normalien für alle vorkommenden Fälle zu schaffen. Man wird nun bei Drehstrom auch nicht alle diejenigen Drehzahlen, welche den möglichen Polzahlen entsprechen, nötig haben. Da man nun bei großen Maschinen dahin strebt, die Maschinen teilbar zu machen, so daß das Oberteil jederzeit abgenommen werden kann, ergibt sich, daß nur die durch 4 teilbaren Polzahlen in Frage kommen können. Da nun aber bei großen Polzahlen die Abstufungen in der Drehzahl immer noch zu gering werden, wenn man alle diese Zahlen anwendet, so wurde nur die Hälfte der möglichen Fälle aufgenommen, so daß dann die Polzahlen nur von acht zu acht abgestuft wurden. Von diesem Gesichtspunkte aus ist die in dem Anhange enthaltene Tabelle über normale Drehzahlen zusammengestellt worden.

Die Höhe der Anlaßspannung von Asynchronmotoren ist bei der Montage von erheblicher Bedeutung. Nach § 2[1]) der „Vorschriften für die Errichtung elektrischer Starkstromanlagen" sind Niederspannungsanlagen dadurch gekennzeichnet, daß die effektive Gebrauchsspannung zwischen irgendeiner Leitung und Erde 250 Volt nicht überschreiten kann. Hierfür ist natürlich nicht maßgebend, wie lange diese Spannung vorhanden ist, sondern es kommt darauf an, daß sie überhaupt

---

[1]) Der Wortlaut dieses Paragraphen ist im Anhange zu diesem Buche abgedruckt.

einmal vorkommen kann. Es würde somit die Leitungsanlage, welche zwischen Schleifringen und Anlaßwiderstand auszuführen ist, unter die Hochspannungsvorschriften fallen, wenn die Anlaßspannung den Wert von 250 V gegen Erde überschreitet. Es ist infolgedessen bei der Ausführung dieser Leitungsanlage immer die Höhe der Anlaßspannung zu berücksichtigen. Damit es nun bei den am meisten gängigen Motoren nicht notwendig ist, die Leitungen zwischen Maschine und Anlasser für Hochspannung einzurichten, ist empfohlen, die Anlaßspannung bei Motoren bis zu 20 kW unter 250 V zu belassen. Es wird hierdurch auch vermieden, daß Installateure, welche mit den Einzelheiten nicht so vertraut sind, bei Anlage der Leitungen schwerwiegende Fehler machen.

II. Erläuterungen
zu den normalen Bedingungen für den Anschluß von Motoren an öffentliche Elektrizitätswerke.[1][2]

Einleitung.

Während man es bei Privatanlagen in der Hand hat, das Licht- und Kraftnetz zu trennen, um so die durch Motoren veranlaßten Stöße vom Lichtnetz fernzuhalten, ist man bei öffentlichen Elektrizitätswerken im allgemeinen nicht in der Lage, ein solches Mittel zur Anwendung zu bringen. Nur in wenigen industriereichen Orten ist ein getrenntes Netz für Kraftversorgung durchgeführt worden. In der Regel ist man mit Rücksicht auf die außerordentlichen Kosten, welche durch die Leitungsanlage verursacht werden, gezwungen, für Kraft- und Lichtversorgung das gleiche Netz zu verwenden. Die Elektrizitätswerke haben also ein berechtigtes Interesse, große Stromstöße an solchen Stellen des Netzes, wo sie Lichtabnehmern unangenehm werden können, zu vermeiden. Da sie andererseits aber auch ein großes Interesse daran haben, Motoren an ihr Netz angeschlossen zu erhalten, um dadurch eine gute Tagesbelastung zu schaffen, und die Ausnutzung der Maschinen zu erhöhen, so ist es notwendig, hier ein Kompromiß zu machen.

Es hatte sich nun aber herausgestellt, daß es nicht überall den Leitern von Elektrizitätswerken gelungen war, für die Anschlußbedingungen von Motoren an ihre Werke die richtige mittlere Linie zu finden, da vielfach Vorschriften für Motorenanschlüsse erlassen worden sind, die eine große Erschwerung für den Anschluß der Motoren bedeuteten, wenn sie nicht stellenweise sogar direkt hindernd wirkten. Besonders zeigten sich die Schwierigkeiten bei Wechselstromwerken, und hier besonders bezüglich der Bedingungen für den Leistungs-

---

[1] Unter teilweiser Benutzung der Erläuterungen von L. Schüler, „ETZ" 1906, Seite 357.

[2] Die „normalen Anschlußbedingungen" befinden sich z. Z. in Revision, bei welcher Gelegenheit die noch darin befindlichen Angaben in PS durch kW ersetzt werden sollen.

faktor. Es wurde seinerzeit, wie z. B. Schüler „ETZ" 1906, Seite 357, gezeigt hat, für einen 5 PS-Drehstrommotor verlangt von dem Elektrizitätswerk Mainz ein Leistungsfaktor von 0,8, vom Elektrizitätswerk Aachen ein solcher von 0,85 und von dem Kreiselektrizitätswerk Schwelm sogar ein solcher von 0,89. Da die normalen Motoren, wie sie für die Industrie verwendet werden, den Bestimmungen des Schwelmer Kreiselektrizitätswerkes keinesfalls genügt haben, so wurde es für die einzelnen Firmen notwendig, entweder jedesmal für das genannte Elektrizitätswerk einen abnormalen Motor zu liefern, oder auf die Lieferung dieser Motoren zu verzichten. Die Folge von solchen hohen Anforderungen ist dann, daß sich nur eine oder zwei Firmen finden, welche überhaupt diese abnormalen Maschinen liefern, so daß also die Konkurrenz eine beschränkte sein wird. Da nun die Herstellung solcher abnormaler Maschinen an sich schon ziemlich teuer ist und da die Konkurrenz, wie gezeigt, nur sehr gering ist, so bewirken die unnötig scharfen Bestimmungen, daß die Motoren bei solchen Elektrizitätswerken erheblich teurer geliefert werden als bei anderen, welche etwas geringere Anforderungen an den Leistungsfaktor stellen. Dadurch werden die Konsumenten erheblich benachteiligt, ohne daß das Elektrizitätswerk wirklich einen nennenswerten Vorteil davon hat, denn es dürfte ziemlich gleichgültig auf die Gestaltung des Netzes sein, ob der Leistungsfaktor zu 0,89 oder zu 0,85 vorgeschrieben wird. Im letzteren Falle würde aber jeder normale Motor den Bedingungen entsprechen. Es ist dies also einer der Fälle, wo es nicht gelungen ist, ein geeignetes Kompromiß zwischen den Interessen des Elektrizitätswerkes, der Konsumenten und der Fabrikanten herzustellen, und wo schließlich alle Beteiligten geschädigt sind.

Einige Werke sind früher noch erheblich weiter gegangen und haben sogar Vorschriften über Wirkungsgrad oder über die Konstruktion der Motoren gemacht. Über letztere Vorschriften zu machen, ist ganz unzulässig, da den schnellen Fortschritten im Bau der Maschinen keinesfalls vorgegriffen werden darf. Durch solche Vorschriften kann lediglich eine Schädigung der Konsumenten herbeigeführt werden. Vorschriften über den Wirkungsgrad der Motoren zu machen ist aber überflüssig. Es muß jedem Konsumenten überlassen bleiben, nach dieser Richtung hin selbst für den jeweiligen Fall das Richtige zu wählen. Es wäre doch nutzlos, wollte man einen Konsumenten, dessen Motor täglich vielleicht nur eine halbe Stunde gebraucht wird, zwingen, sich einen Motor zu kaufen, der einen sehr hohen Wirkungsgrad hat, während er einen solchen mit etwas niedrigerem Wirkungsgrad billiger erhalten kann. Die geringe Ersparnis an Strom steht dann in keinem Verhältnis zu der Verzinsung und Amortisation, so daß also durch eine zwar ganz wohlgemeinte, aber doch in Wirklichkeit unzweckmäßige Bestimmung der Konsument benachteiligt wird.

Das Elektrizitätswerk ist aber hier sogar im Vorteil, wenn der Wirkungsgrad des Motors etwas schlechter ist, da es dann ja so viel mehr Strom verkauft. Es ist ja richtig, daß der Wirkungsgrad der Motoren nicht zu schlecht sein soll, um den Motorenbetrieb nicht in Mißkredit zu bringen. Es hat daher auch eine gewisse Bedeutung gehabt, derartige Bestimmungen zu erlassen, zu einer Zeit, wo der Bau elektrischer Maschinen noch in der Entwicklung begriffen war. Bei dem jetzigen hohen Stande desselben sind solche Bestimmungen aber völlig wertlos, da schon die scharfe Konkurrenz jede Fabrik zwingt, in bezug auf Wirkungsgrad und auf Bauart etwas vollkommenes zu liefern.

Die Vereinheitlichung von Anschlußbedingungen hat aber noch nach anderer Richtung hin eine besonders hohe Bedeutung. Vielfach werden mit Werkzeugmaschinen, Aufzügen, Kranen usw. direkt eingebaute Motoren von den Maschinenfabrikanten mitgeliefert. Wenn dann jedes Werk andere Bestimmungen hat, so kann es sehr leicht vorkommen (und es ist auch früher vielfach vorgekommen), daß nicht nur ein abnormaler Motor, sondern auch eine ganz abnormale Arbeitsmaschine gebaut werden mußte, bloß weil die Vorschriften über den Leistungsfaktor mit dem normalen Modell nicht eingehalten werden konnten. Außerdem würde es für die Maschinenfabrikanten wie auch für die Zwischenhändler notwendig, jeweils einzelne Fabrikate besonders zu behandeln, während sie bei Vorhandensein normaler Anschlußbedingungen die Fabrikate ohne weiteres ab Lager liefern können.

Aus den vorstehend geschilderten Gesichtspunkten heraus hat nun Herr Oberingenieur L. Schüler Anfang 1905 bei der Elektrotechnischen Gesellschaft zu Frankfurt a. M. die Schaffung einheitlicher Anschlußbedingungen angeregt. Von der genannten Gesellschaft ist eine Kommission eingesetzt worden, welche die Durchführbarkeit dieser Anregung geprüft hat. Sie kam zu dem Resultat, daß die Verwirklichung des Vorschlages als äußerst wünschenswert zu bezeichnen sei, worauf dann die Elektrotechnische Gesellschaft zu Frankfurt a. M. bei dem Verband Deutscher Elektrotechniker die Bearbeitung einheitlicher Anschlußbedingungen gemeinschaftlich mit der Vereinigung der Elektrizitätswerke angeregt hat. Auf der Jahresversammlung 1905 wurde dieser Antrag angenommen und die Erledigung desselben der Kommission für Maschinen-Normalien überwiesen. Diese Kommission hat auf Grund des von der Elektrotechnischen Gesellschaft zu Frankfurt a. M. eingereichten Materials die Angelegenheit in mehreren Sitzungen, welche gemeinschaftlich mit einem von der

Vereinigung der Elektrizitätswerke eingesetzten Komitee stattfanden, bearbeitet. Schon der Jahresversammlung 1906 konnte ein Entwurf zu solchen normalen Anschlußbedingungen vorgelegt werden, der Annahme fand. Auch die Generalversammlung der Vereinigung der Elektrizitätswerke hat den gleichen Entwurf angenommen. Auf den Jahresversammlungen 1909 und 1912 wurden Abänderungen dieser Bestimmungen beschlossen, die ETZ 1909 S. 506 und 1912 S. 94 bekanntgegeben sind.

Da auf der Jahresversammlung 1913 eine Änderung der Maschinennormalien beschlossen worden ist, so bestehen zurzeit einige Unstimmigkeiten zwischen den Anschlußbedingungen und den Maschinennormalien. In den ersteren ist noch die Belastbarkeit in PS angegeben, während in den Maschinennormalien nur noch das kW verwendet wird. Außerdem ist auch im § 1 dieser Bestimmungen noch besonders verlangt, daß außer den Angaben, die in § 2 der alten Vorschriften gefordert waren, auch der Leistungsfaktor auf dem Schild angegeben werden muß. Bei der Neuformulierung der Maschinennormalien ist aber im § 2 jetzt auch schon allgemein die Angabe des Leistungsfaktors verlangt, so daß die Forderung des § 1b jetzt überflüssig ist. Es besteht nun die Absicht, die Anschlußbedingungen einer gründlichen Umarbeitung zu unterziehen, und sie dabei in Übereinstimmung mit den Maschinennormalien zu bringen. Es wird voraussichtlich der Jahresversammlung 1915 ein diesbezüglicher Vorschlag gemacht werden, so daß in der nächsten Auflage dieses Buches es möglich sein wird, auch hier die Übereinstimmung zu erreichen.

§ 1.
Allgemeines.

a) Die Motoren müssen den „Normalien für Bewertung und Prüfung von elektrischen Maschinen und Transformatoren" des Verbandes Deutscher Elektrotechniker (E. V.) entsprechen.

b) Außer den Angaben des § 2 der „Normalien usw." ist bei Ein- und Mehrphasenmotoren auf dem Leistungsschild der $\cos \varphi$ für Vollast anzugeben.

c) Bei Motoren, die im Betriebszustande nicht anlaufen können, sind Einrichtungen vorzusehen, welche die Motoren bei Ausbleiben der Spannung selbsttätig entweder vom Netz abtrennen, oder den Anlaufzustand wieder herstellen.

Wenngleich die Normalien für Bewertung und Prüfung von elektrischen Maschinen und Transformatoren bei Annahme der „Normalen Anschlußbedingungen" bereits fünf Jahre in Geltung waren, so mußte doch damit gerechnet werden, daß sie einzelnen nicht bekannt sind, so daß ein Hinweis auf dieselben notwendig erschien. Es waren aber auch noch einige weitere Gründe vorhanden, die dafür sprachen, in den Bedingungen nochmals auf die „Maschinen-Normalien" besonders hinzuweisen. In § 8 ist vorgeschrieben, daß die Bestimmung des Leistungsfaktors beim Betriebe mit der auf dem Leistungsschild angegebenen normalen Stromstärke zu geschehen hat. Es mußte also dafür gesorgt werden, daß diese Stromstärke tatsächlich stets angegeben ist. Des weiteren schien aber auch die Vorschrift, daß die Maschinen-Normalien erfüllt sein müssen, deswegen notwendig, weil ja auch Motoren vom Auslande nach Deutschland kommen. Wenngleich der Import solcher Maschinen schon seit längerer Zeit sehr gering ist, so kommen doch manchmal ausländische Motoren deswegen nach Deutschland, weil sie in Werkzeugmaschinen, Arbeitsmaschinen usw., die im Auslande hergestellt sind, direkt eingebaut sind. Bei solchen Motoren könnten sich nun z. B. bei der Ermittlung des Leistungsfaktors Schwierigkeiten herausstellen. Sie könnten aber auch eine Anzahl anderer Eigenschaften, die man im Interesse der Käufer verlangen muß, nicht besitzen. Da aber auch das Elektrizitätswerk Interesse daran hat, daß beispielsweise die Isolation des Motors eine solche ist, daß das Netz nicht schädlich beeinflußt wird, so muß darauf bestanden werden, daß die anzuschließenden Motoren mindestens die Vorschriften der Maschinen-Normalien erfüllen.

Die Bestimmung unter b) ist bei dem jetzigen Wortlaut der Maschinennormalien überflüssig, da schon allgemein die Angabe des Leistungsfaktors auf dem Schilde vorgeschrieben ist. Die Bestimmung rührt noch aus der Zeit her, in welcher in den Maschinennormalien diese Forderung noch nicht für alle Maschinen gestellt war und sie infolgedessen für Motoren, welche an Elektrizitätswerke angeschlossen werden, mit Rücksicht auf die Erfüllung der §§ 5 und 6 dieser Bestimmungen besonders verlangt werden mußten. Näheres hierüber siehe auf Seite 18.

§ 2.

Anmeldung.

a) Der Motor muß dem Elektrizitätswerk für eine bestimmte Leistung und Betriebsart (siehe § 7 der Maschinen-Normalien) gemeldet werden, die mit den betreffenden Angaben des Leistungsschildes übereinstimmen.

b) Bei jeder Anmeldung von Motoren ist der

Verwendungszweck anzugeben, insbesondere, ob
der Motor „geringe" oder „hohe" Anzugskraft
entwickeln muß; ferner bei Gleichstrommotoren
über 1 PS und bei Ein- und Mehrphasenstrom-
motoren über 2 PS, ob der Motor für „geringen"
oder „hohen" Anlaufstrom bestimmt ist.

Da die normalen Anschlußbedingungen wesentlich
aus dem Gesichtspunkt heraus geschaffen worden sind,
bei allen Werken die normal fabrizierten Motoren,
welche dann den vorliegenden Bestimmungen stets
angepaßt sein werden, verwenden zu können, so
war es notwendig, bei der Anmeldung vorzuschreiben,
daß die jeweils in Frage kommende Leistung mit angegeben werden muß, da es ja nach § 7 der Maschinen-
Normalien zulässig ist, auf einer Maschine verschiedene
Angaben bezüglich Belastbarkeit zu machen. Da sowohl der Fabrikant wie der Zwischenhändler Wert
darauf legen werden, ihre Maschinen stets ohne jede
Rückfrage möglichst allen Bedürfnissen anzupassen, so
wird es oft vorkommen, daß mehrere Leistungen auf
der Maschine angegeben sind.

Zu § 2.

Die normale Leistung eines Motors gibt nun dem
Elektrizitätswerk noch nicht genügend Aufschluß darüber, wie ihre Leitungen voraussichtlich beansprucht
werden. Es wäre nun entschieden das zweckmäßigste
gewesen, und es war auch anfangs beabsichtigt, dies zu
tun, wenn man außer der normalen Leistung auch die
voraussichtliche Belastung mit angegeben hätte. Das
ist aber in der Mehrzahl der Fälle ganz undurchführbar,
da die Angaben über den Kraftbedarf der anzutrei-
benden Maschinen viel zu ungenau sind. Man findet
da vielfach Schwankungen von 100% und mehr bei den
einzelnen Fabriken. Da außerdem der Kraftbedarf der
Arbeitsmaschinen von ihrer Bedienung und Wartung
sowie von ihrer Behandlung stark abhängt, so ist die
Angabe über die wirkliche Belastung in weitaus den
meisten Fällen unmöglich. Hierzu kommt aber noch,
daß der Kraftbedarf der Arbeitsmaschinen vielfach mit
der Zeit abnimmt, wenn sie gut eingelaufen sind.
Alles dieses sind Faktoren, die sich vorher gar nicht
übersehen lassen. Man hat daher sich damit begnügt,
lediglich Angaben über das Anlaufen zu verlangen, das
ja das besondere Interesse der Elektrizitätswerke besitzt. Wie groß die Belastung im Betriebe ist, ist von
verhältnismäßig untergeordneter Bedeutung, da ja das
Leitungsmaterial des Anschlusses doch stets mindestens
der normalen Leistung des Motors entsprechend gewählt werden muß. Das Werk ist, wenn es weiß, ob der
Anlaufstrom hoch oder niedrig ist, in der Lage, den un-
günstigsten Fall für die Spannungsschwankung auf Grund
der §§ 3—5 auszurechnen. Es kann sich damit klar

werden, ob an dem betreffendem Orte, wo der Motor zur Aufstellung gelangt, Unannehmlichkeiten für die Nachbarschaft zu befürchten sind, bzw. welche Mittel dagegen in Anwendung kommen müssen.

In dem Abschnitt b sowohl wie in den §§ 3 bis 7 sind noch die Angaben für die Belastbarkeit der Motoren in PS gemacht, weil die Anschlußbedingungen seit Neufassung der Maschinennormalien noch nicht revidiert worden sind. Dies geschieht aber zurzeit, so daß voraussichtlich auf der Jahresversammlung 1915 die beiden Vorschriften in Übereinstimmung gebracht werden. Es werden dann auch hier die Angaben über die Belastbarkeit in kW gemacht werden.

§ 3.

Anlaufstrom von Gleichstrommotoren.

Beim betriebsmäßigen Anlauf des Motors sollen dem Netz nicht mehr Watt entnommen werden als:

Watt pro PS	bei Motoren				
3500	von	0,5	bis	1 PS	
1500	über	1	„	2 „	für geringe Anzugskraft
1250	„	2	„	15 „	
1000	„	15 PS			
2500	„	1	bis	15 „	für hohe Anzugskraft
2200	„	15 PS			

Anmerkung: Mit dem für „geringe Anzugskraft" zulässigen Anlaufstrom läßt sich in der Regel bei Motoren von 1—15 PS ein normales Drehmoment und bei Motoren über 15 PS. ¾ des normalen Drehmomentes erreichen. Mit dem für „hohe Anzugskraft" zulässigen Anlaufstrom läßt sich in der Regel das Zweifache des normalen Drehmomentes erreichen.

§ 4.

Anlaufstrom von Mehrphasenmotoren.

a) Beim betriebsmäßigen Anlauf des Motors sollen dem Netz nicht mehr Volt-Ampere entnommen werden als:

Volt-Ampere pro PS	bei Motoren				
3500	von	0,5	bis	1	PS
3000	über	1	,,	1,5	,,
2500	,,	1,5	,,	2	,,
1600	,,	2	,,	5	,,
1400	,,	5	,,	15	,,
1000	,,	15	PS		
3200	,,	2	bis	5	,,
2900	,,	5	,,	15	,,
2500	,,	15	PS		

Die ersten drei Zeilen mit Klammer: für geringe Anzugskraft
Die letzten drei Zeilen mit Klammer: für hohe Anzugskraft

b) Unter der Zahl der Voltampere ist das Produkt aus Stromstärke, Betriebsspannung und dem der Stromart entsprechenden Zahlenfaktor zu verstehen.

Anmerkung: Mit dem für „geringe Anzugskraft" zulässigen Anlaufstrom läßt sich in der Regel bei Motoren von 2—15 PS ein normales Drehmoment und bei Motoren über 15 PS ¾ des normalen Drehmomentes erreichen. Mit dem für „hohe Anzugskraft" zulässigen Anlaufstrom läßt sich in der Regel das Zweifache des normalen Drehmomentes erreichen.

§ 5.

Anlaufstrom von Einphasenmotoren.

a) Beim betriebsmäßigen Anlauf des Motors sollen dem Netz nicht mehr Voltampere entnommen werden als:

Volt-Ampere pro PS	bei Motoren				
3500	von	0,5	bis	1	PS
3250	über	1	,,	1,5	,,
3000	,,	1,5	,,	2	,,
2000	,,	2	,,	5	,,
1500	,,	5	,,	15	,,
1250	,,	15	PS		
3500	,,	2	bis	5	,,
3000	,,	5	,,	15	,,
2500	,,	15	PS		

für geringe Anzugskraft.
für hohe Anzugskraft.

b) Unter der Zahl der Voltampere ist das Produkt aus Stromstärke und Betriebsspannung zu verstehen.

Anmerkung: Mit dem für „geringe Anzugskraft" zulässigen Anlaufstrom läßt sich in der

Regel bei gewöhnlichen Induktionsmotoren $^1/_4$ des normalen Drehmomentes, bei Kommutatormotoren das normale Drehmoment erreichen. Mit dem für „hohe Anzugskraft" zulässigen Anlaufstrom läßt sich in der Regel bei gewöhnlichen Induktionsmotoren $^2/_3$ des normalen Drehmomentes, bei Kommutatormotoren das Zweifache des normalen Drehmomentes erreichen.

Zu § 3—5. Während es früher allgemein üblich war, den zulässigen Anlaufstrom im Verhältnis zum Normalstrom anzugeben, wurde bei der Bearbeitung der Anschlußbedingungen von diesem Verfahren abgegangen, da es hier als ungerecht zu bezeichnen ist. Dieses alte Verfahren ergab nämlich einen höheren zulässigen Anlaufstrom bei solchen Motoren, deren Wirkungsgrad bzw. Leistungsfaktor niedrig ist. Ganz besonders zeigte sich die Unzweckmäßigkeit der alten Bestimmung bei kompensierten Drehstrom- und Wechselstrommotoren, die also mit einem Leistungsfaktor von annähernd 1 arbeiten. Diese würden im Verhältnis, wie ihr Leistungsfaktor besser ist, weniger Anlaufsstrom verbrauchen dürfen. Dadurch, daß man bei den neuen Vorschriften bestimmte Zahlen festgesetzt hat, sind nun alle Bauarten gleich behandelt.

Für Motoren unter ½ PS sind Angaben über zulässigen Anlaufstrom nicht gemacht worden, da das Einschalten so kleiner Motoren nennenswerte Spannungsschwankungen nicht veranlassen wird. Bei Gleichstrommotoren bis 1 PS und bei Drehstrom- und Wechselstrommotoren bis 2 PS ist ein Unterschied zwischen geringer und hoher Anzugskraft nicht gemacht, um zu ermöglichen, daß bei solchen einfache Anlaßvorrichtungen Verwendung finden können. Daß die Grenzen bei Mehrphasen- und Einphasenmotoren höher gewählt sind, ist deswegen geschehen, weil man die Verwendung von Kurzschlußankern tunlichst ermöglichen wollte. So hohe Zahlen jedoch für letztere zu nehmen, daß Anlaßvorrichtungen ganz in Wegfall kommen können, ließ sich leider als gegen das Interesse der Elektrizitätswerke verstoßend nicht erreichen, so daß einfache Anlaßvorrichtungen bzw. eine Umschaltvorrichtung für Stern-Dreieckschaltung bei Motoren zwischen ½ und 2 PS angewendet werden müssen.

Bei der Aufstellung der Vorschriften war man von dem Gesichtspunkt ausgegangen, daß auch Kurzschlußankermotoren über 2 PS Leistung bei Elektrizitätswerken Verwendung finden können. Wesentlich ist, ob im einzelnen Falle Bedenken gegen die Verwendung solcher Motoren vorliegen oder nicht. Wenn also die Leistung des Elektrizitätswerkes eine große ist, die Leitungen reichlich sind und namentlich wenn der

Transformator, von dem aus der Motor gespeist wird, im Verhältnis zum Motor groß ist, dann ist es unbedenklich, Kurzschlußmotoren bis 2 PS mit höheren Anlaufströmen und außerdem auch Kurzschlußmotoren über 2 PS zuzulassen. Natürlich hängt dies aber davon ab, ob das Werk an dem betreffenden Orte den Anschluß des Motors für zulässig hält. Mit Rücksicht hierauf ist auch im § 9 ein besonderer Hinweis im Jahre 1912 hinzugefügt worden.

In den §§ 3—5 sind noch die Angaben für die Belastbarkeit der Motoren in PS gemacht, weil die Anschlußbedingungen seit Neufassung der Maschinennormalien noch nicht revidiert worden sind. Dies geschieht aber zur Zeit, so daß voraussichtlich auf der Jahresversammlung 1915 die beiden Vorschriften in Übereinstimmung gebracht werden. Es werden dann auch hier die Angaben über die Belastbarkeit in kW gemacht werden.

§ 6.
Leistungsfaktor von Mehrphasenmotoren.

Der Leistungsfaktor (cos φ) beim Betrieb mit Vollast soll betragen:

Nicht weniger als:

0,60	bei Motoren	bis	einschließlich	0,5	PS
0,65	,,	,,	,,	1	,,
0,70	,,	,,	,,	1,5	,,
0,75	,,	,,	,,	5	,,
0,77	,,	,,	,,	10	,,
0,80	,,	,,	,,	15	,,
0,82	,,	,,	,,	20	,,
0,85	,,	,,		über 20	,,

§ 7.
Leistungsfaktor von Einphasenmotoren.

Der Leistungsfaktor (cos φ) beim Betrieb mit Vollast soll betragen:

Nicht weniger als:

	bei Vollast	bei $^1/_2$ Vollast
Bei Motoren bis einschließlich 0,5 PS	0,60	—
über 0,5 bis 1 ,,	0,65	—
,, 1 ,, 1,5 ,,	0,70	—
,, 1,5 ,, 5 ,,	0,73	0,60
,, 5 ,, 10 ,,	0,75	0,65
,, 10 ,, 15 ,,	0,77	0,67
,, 15 ,, 20 ,,	0,80	0,70
,, 20 ,,	0,82	0,72

Zu § 6 u. 7. Wie schon in der Einleitung erwähnt, sind die hier eingesetzten Zahlen derartige, daß man sie ohne besondere Schwierigkeiten, und ohne gezwungen zu sein, den Luftabstand abnormal niedrig zu nehmen, erreichen kann. Dies ist ganz besonders wichtig, da die Betriebssicherheit der Motoren ein wesentlich wichtigerer Faktor ist, als eine kleine Erhöhung des cos. φ. Hier so sehr hohe Werte zu fordern, ist auch deswegen von geringer Bedeutung, als die Motoren ja doch meist nicht mit normaler Belastung, sondern mit viel schwächerer Belastung laufen, bei der dann der Leistungsfaktor wesentlich niedriger ist als bei Vollast. Man ersieht daraus, daß es verhältnismäßig wenig Bedeutung hat, ob man bei Vollast für irgend einen Fall 0,85 oder 0,87 vorschreibt, da ja der Motor nur verhältnismäßig kurze Zeit in diesem Zustand in Betrieb ist. Sinkt die Belastung, so sinkt auch der Leistungsfaktor, und zwar teilweise bis zu 0,2 herunter. Es wird also im Mittel der Leistungsfaktor doch nur ungefähr 0,5 bis 0,6 sein.

§ 8.

Ausführung der Messungen.

a) Zur Messung des Anlaufstromes werden besondere Amperemeter mit verschiebbarem Zeiger empfohlen. Der Zeiger ist auf einen Wert, der etwa 5% unter der zu messenden Stromstärke liegt, vorzuschieben. Hitzdrahtinstrumente sind von der Verwendung ausgeschlossen.

b) Die Bestimmung des Leistungsfaktors geschieht durch gleichzeitige Volt-, Ampere- und Watt-Messung bei Betrieb mit der auf dem Leistungsschild angegebenen normalen Stromstärke.

c) Die Messungen sind bei normaler Spannung durchzuführen, doch ist dabei eine Spannungsunterschreitung bis zu 5% zulässig.

Zu § 8. Um bei den Messungen von der Verschiedenheit der Dämpfung der einzelnen Instrumente unabhängig zu sein, ist empfohlen worden, Amperemeter mit verschiebbarem Zeiger anzuwenden. Solche Instrumente stellen folgende Firmen her:

R. Abrahamson, Berlin-Charlottenburg,
Allgemeine Elektrizitäts-Gesellschaft, Berlin,
Gans & Goldschmidt, Berlin, N 65,
Dr. S. Guggenheimer, Nürnberg,
Hartmann & Braun, A.-G., Frankfurt a. M.,
Keiser & Schmidt, Charlottenburg,
Dr. P. Meyer A.-G., Berlin,

Nadir, Berlin-Rixdorf,
Siemens & Halske, A.-G., Berlin,
Weston Electrical Instrument Company, Berlin.

Es ist nun nicht notwendig, daß in jedem Falle ein derartiges Spezialinstrument Verwendung findet, sondern es genügt, wenn dies geschieht, im Falle Meinungsverschiedenheiten über die Erfüllung der zugelassenen Werte auftreten. Hitzdrahtinstrumente, deren richtiger Ausschlag erst nach Verlauf einer verhältnismäßig langen Zeit eintritt, sind von der Verwendung prinzipiell ausgeschlossen worden. Bei solchen Instrumenten würde auch die Anwendung einer Einrichtung zum Vorschieben des Zeigers zwecklos sein, da der richtige Wert sich doch erst nach längerer Zeit einstellen würde.

Damit man nicht gezwungen ist, jedesmal durch Bremsung des Motors festzustellen, welcher Stromverbrauch der normalen Spannung entspricht, ist verlangt, daß die Stromstärke auf dem Leistungsschild angegeben sein muß, wie dies ja die Maschinen-Normalien des Verbandes Deutscher Elektrotechniker an sich schon fordern.

Bei solchen Arbeitsmaschinen, bei denen man es nicht in einfacher Weise in der Hand hat, jede beliebige Belastung des Motors herzustellen, genügt es, wenn durch Bremsung mittels eines Brettes an der Riemenscheibe bzw. der Kupplung oder an einem geeigneten Teile der Arbeitsmaschine usw. annähernd die volle Belastung kurzzeitig hergestellt wird. Da der Leistungsfaktor in der Gegend der vollen Belastung im allgemeinen sich nicht sehr stark ändert, so wird es auch nicht von Bedeutung sein, ob die Belastung wirklich genau der normalen entspricht.

Während man es bei Einzelanlagen in der Hand hat, bei der Abnahme die Spannung so zu regulieren, wie es einem zweckmäßig erscheint, ist man bei Elektrizitätswerken hierzu außer stande. Da nun in den verschiedenen Stadtteilen und zu verschiedenen Tageszeiten die Spannung immer etwas wechseln wird, so ist man vielfach gar nicht in der Lage, die Versuche wirklich mit der genauen Spannung durchzuführen. Damit nun nicht unnötige Erschwerungen gemacht oder Beanstandungen der Messungen daraus gefolgert werden, ist eine Spannungsunterschreitung bis zu 5% für zulässig erklärt worden. Sollte die Spannung zu hoch sein, so könnten bei Mehrphasen- und Einphasenmotoren unter Umständen dadurch Schwierigkeiten entstehen, daß der Leistungsfaktor nicht eingehalten wird. In solchen Fällen hat man es ja dann aber leicht in der Hand, etwas Spannung zu vernichten, so daß man sich immer helfen kann, wenn wirklich der $\cos \varphi$ infolge zu hoher Spannung nicht eingehalten ist. Eine zu hohe Spannung wird daher nur in wenigen Fällen Schwierigkeiten bieten.

§ 9.

Spezialmotoren.

Der Anschluß von Motoren, bei welchen technische Gründe der Einhaltung obiger Bestimmungen entgegenstehen, z. B. niedrige Tourenzahl der Einhaltung des Leistungsfaktors, außergewöhnlich hohe Anzugskraft der Einhaltung des Anlaufstromes, Verwendung von Kurzschlußmotoren größerer Leistung (§ 4), ist besonderer Vereinbarung unterworfen.

Zu § 9. Vorstehende Bestimmung ist herein genommen worden, da nicht damit gerechnet werden kann, daß stets die Beziehungen, die zwischen den verschiedenen Eigenschaften der Maschinen bestehen, genügend bekannt sind. Infolgedessen sind auch einige Beispiele, die aber nicht die einzigen sein werden, angeführt worden. Es ist hier zu berücksichtigen, daß die in den §§ 3—7 genannten Zahlen den normalen Fabrikaten entsprechen, daß somit Spezialmaschinen, wenn sie ihren Zweck wirklich erfüllen sollen, unter gewissen Umständen diese Bedingungen unmöglich einhalten können. Um nun Unzuträglichkeiten, die aus einer buchstabenmäßigen Erfüllung der genannten Zahlen resultieren können, zu vermeiden, wurde noch besonders auf derartige Spezialausführungen hingewiesen.

III. Erläuterungen zu den „Normalien für die Bezeichnung von Klemmen bei Maschinen, Anlassern, Regulatoren und Transformatoren".[1])

Einleitung.

Früher hatte jede Firma ein eigenes System zur Bezeichnung der Klemmen von Maschinen, dazugehörigen Apparaten und Transformatoren. Um nun diese Angaben verstehen zu können, war man stets auf das mitgegebene Schema angewiesen. War dieses nicht zur Stelle, so konnte man aus den Bezeichnungen in der Regel nicht klug werden und mußte versuchen, so gut es ging, durchzukommen und eventuell durch Probieren die richtige Schaltung herauszufinden. Bei großen Maschinen und Spezialausführungen würde dies allgemein nicht zu Unannehmlichkeiten geführt haben, da dort das Anschließen in der Regel durch instruiertes Personal der liefernden Firma geschieht. Anders ist es aber bei kleinen Maschinen, insbesondere bei Motoren, welche heute schon vielfach durch Zwischenhändler, die gar keine Fachkenntnisse haben, vertrieben werden. Vielfach werden solche Motoren in Arbeitsmaschinen direkt eingebaut und mit dieser zusammen durch den Lieferanten dieser Maschine in die Hände der Kunden gebracht. In solchen Fällen kann es sehr leicht vorkommen, daß das Schaltungsschema im geeigneten Moment nicht zur Stelle ist, und es entstehen dann Schwierigkeiten und Zeitverlust bei Ingangsetzen der Maschine. Das alles wird vermieden durch die normalen Klemmenbezeichnungen, die natürlich nicht nur auf gängige Maschinen ausgedehnt werden sollen, sondern auf alle Maschinen, da ja auch

---

[1]) Die erste am 12. 6. 1908 beschlossene, ETZ 1908 S. 874 veröffentlichte Fassung, die ab 1. 7. 1908 galt, wurde am 3. 6. 1909 ergänzt. Die Ergänzungen sind abgedruckt ETZ 1909 S. 506 und gelten ab 1. 7. 1909. Erläuterungen siehe ETZ 1909 S. 469. Letztere sind hier teilweise benutzt.

bei großen nachträglich Änderungen oder Revisionen der Schaltung vorkommen können, ohne daß es gelingt, das Schema zur Stelle zu schaffen.

Der Dresdener Elektrotechnische Verein hatte in Erkenntnis dieser Schwierigkeiten beim Verband die Schaffung einheitlicher Klemmenbezeichnungen in Anregung gebracht, die sehr gern aufgenommen worden ist. Die Erledigung dieser Arbeit wurde der Maschinennormalienkommission übertragen, welcher es in kurzer Zeit gelang, unter weitgehender Mithilfe der fabrizierenden Firmen zu einem Vorschlage zu kommen. Eine ganz besondere Unterstützung haben die Bestrebungen der Kommission durch Herrn *Dr.-Ing.* F. Natalis erfahren, der, obwohl er der Kommission nicht angehört, sich doch stets an der Mitarbeit beteiligt hat. Die großen Erfahrungen des Herrn Natalis auf diesem Gebiete sind für die Arbeiten äußerst wertvoll gewesen.

Die Normalien konnten schon der Jahresversammlung 1908 zur Beschlußfassung vorgelegt werden. Da sie bindende Vorschriften nicht darstellen, so konnte ihre Gültigkeit schon auf den 1. Juli 1908 festgesetzt werden. Erfreulicherweise haben sich die einheitlichen Klemmenbezeichnungen auch sehr schnell bei den meisten Firmen eingeführt, so daß sie jetzt schon ziemlich allgemein in Verwendung sind. Bei der Durchführung der neuen Bezeichnungen hatte sich gezeigt, daß für Umkehranlasser die im ersten Entwurf angegebenen Bezeichnungen nicht genügen. Es wurde daher schon im Frühjahr 1909 eine diesbezügliche Ergänzung beschlossen, die der Jahresversammlung 1909 zur Vervollständigung des ersten Entwurfes in Vorschlag gebracht und von dieser angenommen wurde. Diese vervollständigte Fassung liegt den nachstehenden Erläuterungen zugrunde. Änderungen an dem ersten Entwurf sind bis jetzt nicht vorgenommen worden und es scheint, als wenn die einheitlichen Bezeichnungen den berechtigten Ansprüchen aller Beteiligten in vollstem Maße genügen.

A. Allgemeines.

Es wird empfohlen, auf den Maschinen, den dazu gehörigen Apparaten und Transformatoren der im allgemeinen üblichen Bauart (Gleichstrommaschinen mit Nebenschluß-, Hauptstrom- und Compoundwickelung mit oder ohne Wendepole bzw. Kompensationswickelung, Ein- und Mehrphasenmaschinen, Umformer, Doppelgeneratoren, Transformatoren, Anlasser, Regulatoren usw.) einheitliche Bezeichnungen an den Klemmen anzubringen. Bei Spezialausführungen (z. B. Zweikollektormaschinen, Kommutatormaschinen für

Wechselstrom, Spezialanlasser usw.) werden für die notwendigen Ergänzungen vorläufig keine einheitlichen Bezeichnungen festgelegt.

Die normale Klemmenbezeichnung soll das Schaltungsschema nicht ersetzen.

Eine Klemme kann bzw. muß unter Umständen mehrere Buchstaben erhalten.

Bei der Ausarbeitung des Prinzips der Klemmenbezeichnungen wurde besonders darauf Rücksicht genommen, daß auch größere komplizierte Schaltungsschemata sich ausführen lassen und daß auch bei diesen eine leichte Übersicht möglich ist. Die Grundsätze, welche bei der Ausarbeitung maßgebend waren, hat Herr *Dr.-Ing.* Natalis ETZ 1908 Seite 469, einem Wunsche der Kommission nachkommend, zusammengestellt. Sie seien hier wörtlich wiedergegeben:

„1. Für die Bezeichnungen sollten nur die großen und kleinen Buchstaben des lateinischen Alphabets verwendet werden, während deutsche und griechische Buchstaben sowie römische und arabische Zahlen für besondere Zwecke reserviert werden. Da aber die Anzahl der Klemmenbezeichnungen die Zahl 25 überstieg, so war es nicht ganz zu vermeiden, daß derselbe Buchstabe mehrfach benutzt wurde. Dieselben Zeichen sind aber nur dann wieder verwandt worden, wenn sie entweder technisch gleichartige Gegenstände betreffen (z. B. Primär- und Sekundärwicklung von Motoren und Transformatoren) oder wenn Verwechselungen nicht zu befürchten waren. Allerdings muß man hierbei einige Mißhelligkeiten mit in Kauf nehmen, z. B. wenn ein Drehstromgenerator mit den Klemmen U, V, W mit der Niederspannungswicklung eines Transformators u, v, w zu verbinden ist, während die Oberspannungswicklung des Transformators wieder die Klemmenbezeichnung U, V, W trägt. Es erschien aber ausgeschlossen, für solche Fälle weitere Klemmenbezeichnungen festzulegen, sofern man mit einem Alphabet auskommen wollte.

2. Für die Hauptbezeichnungen sollten nach Möglichkeit Indexe vermieden werden, da derartige Indexe für besondere Unterscheidungen, z. B. von zwei Maschinen, doch erforderlich sind und eine starke Häufung der Indexe stattfinden würde, falls bereits die Hauptbezeichnungen derartige Indexe enthielten.

3. Die Verwendung mnemotechnischer Anhaltspunkte für die Klemmenbezeichnung schien zwar sehr erwünscht, ließ sich aber nicht überall durchführen (z. B. L Leitung, M Anschluß für die Magnetwicklung, N Negativ, P Positiv, O Nulleiter, R Anlasserklemme (Rheostat) X, Y, Z Ende der Wicklungen. Die großen Buch-

staben wurden im wesentlichen für die Hauptbezeichnungen benutzt, während die kleinen Buchstaben l, o und u bis z für induzierte Wicklungen verwendet wurden, außerdem wurden noch einige kleine Buchstaben q, s und t belegt für Magnetregulatoren (schwache Ströme), da die Unterbringung dieser Bezeichnungen in dem großen Alphabet nicht ausführbar war.

4. Es erschien ferner erwünscht, eine Verständigung über den Drehsinn für Motoren und Maschinen herbeizuführen, und zwar ist der Drehsinn stets von der Antriebs- bzw. Abtriebsseite der Maschinen aus zu verstehen. Wenn eine Riemenscheibe nicht vorhanden ist, so gilt die Kupplung oder ein längerer Wellenstumpf als Antriebsseite. Werden daher zwei sonst gleichartige Maschinen durch eine Kupplung verbunden, so läuft die eine rechts, die andere links herum. Bei Maschinen mit zwei Kollektoren ist der Drehsinn ebenfalls nach der Antriebsseite zu bestimmen. Ist aber eine Antriebsseite überhaupt nicht vorhanden, z. B. bei einer Ausgleichsmaschine mit zwei Kollektoren oder bei einem Drehstrom-Kurzschlußmotor mit zwei Wellenenden, oder besitzt eine Maschine, welche sonst völlig symetrisch gebaut ist, zwei Antriebsseiten (doppelte Wellenverlängerung), so ist durch einen aufgeschlagenen Pfeil mit der Bezeichnung „R" ein Drehsinn für die Maschine als Rechtsdrehsinn zu bestimmen. Handelt es sich um eine Gleichstrommaschine mit einem Kollektor, aber zwei Wellenverlängerungen, so ist die dem Kollektor abgewandte Seite für die Bestimmung des Antriebssinnes maßgebend.

5. Ebenso erschien es erwünscht, über den erforderlichen Stromlauf in Gleichstrommaschinen und Motoren bei Rechts- und Linkslauf eine Verständigung herbeizuführen, ferner über die zeitliche Stromfolge der Phasen eines Drehstromnetzes."

Die gleichfalls von Natalis aufgestellten und an der oben bezeichneten Stelle veröffentlichten Tabellen I und II geben eine gute allgemeine Übersicht über die Verwendung der einzelnen Buchstaben, auf die im einzelnen später noch zurückgekommen werden soll.

Tabelle I.

Bezeichnung	Klemmen für	Anwendung
A B	} Anker	
C D	} Nebenschlußwickelung	für Gleichstrommotoren und Gleichstromdynamos
E F	} Hauptstromwickelung	

Allgemeines.

Bezeichnung	Klemmen für	Anwendung
G (G_1, G_2) H (H_1, H_2)	Wendepol- beziehungsweise Kompensationswickelung	für Gleichstrommotoren und Gleichstromdynamos
J K	Fremderregte Magnetwickelung	für Gleichstromdynamos „ Wechselstromdynamos „ Umformer
L	Leitung unabhängig von Polarität	für Gleich- und Wechselstromapparate (L führt bei Anlassern zum Schleifkontakt und ist mit einem Netzpol zu verbinden)
L_1, L_2	Stromtransformator, Netzseite	für Wechselstrom
M	Anlasser	für den Anschluß der Nebenschlußwickelung von Gleichstrommotoren
N O P	Gleichstrom-Dreileiter $\genfrac{}{}{0pt}{}{N}{P}$ Gleichstrom-Zweileiter	für Gleichstromnetze
O	Nulleiter, Mittelleiter, Nullpunkt	für Gleichstrom-Dreileiternetze „ Einphasen-Wechselstrom-Dreileiternetze „ Drehstromnetze mit besonderem Nulleiter „ Drehstromgeneratoren „ Drehstrommotoren
Q R S T	Dreh-strom $\genfrac{}{}{0pt}{}{R}{T}$ Einphasen-Wechselstrom $\genfrac{}{}{0pt}{}{Q\ R\ S\ T}{}$ Zweiphasen-Wechselstrom	für Wechselstromnetze
R	Anlasser	Anschluß für den Endpunkt des Widerstandes für Gleichstrommotoren
U V W	Anker beziehungsweise Primäranker Oberspannungswickelung	Anfangspunkte der Wickelungen — für Drehstromgeneratoren, „ Drehstrommotoren, „ Drehstromtransformatoren — bei verketteter und offener Schaltung
X Y Z	Anker beziehungsweise Primäranker Oberspannungswickelung Primäranlasser	Endpunkte der Wickelungen — für Drehstromgeneratoren u. -Motoren, „ Transformatoren, „ Drehstrommotoren — bei offener Schaltung
$U V W$ $X Y Z$	desgleichen	für Ein- und Zweiphasengeneratoren, -Motoren, und -Transformatoren
$U_1 U_2$ $V_1 V_2$ $W_1 W_2$	Primäranlasser	für Drehstrommotoren ohne aufgelösten Nullpunkt

Tabelle II.

Bezeichnung	Klemmen für		Anwendung	
a	—		—	
b	—		—	
c	—		—	
d	—		—	
e	—		—	
f	—		—	
g	—		—	
h	—		—	
i	—		—	
k	—		—	
$l_1\, l_2$	Stromtransformator, Apparatseite		für Wechselstrom	
m	—		—	
n	—		—	
o	Nullpunkt für Drehstrom u. Mittelleiter für Einphasenstrom } Unterspannung		für Wechselstrom	
p	—		—	
q	Magnetregulatoren		Anschluß für den Ausschaltekontakt für Gleichstrom- und Wechselstromgeneratoren	
r	—		—	
s	Magnetregulatoren		Anschluß für den Schleifkontakt für Gleichstrom- und Wechselstromgeneratoren und Gleichstrommotoren	
t	Magnetregulatoren		Anschluß für den Endpunkt des Widerstandes für Gleichstrom- und Wechselstromgeneratoren und Gleichstrommotoren	
u	Rotor (Sekundäranker)	Anfangspunkte der Wickelungen	für Drehstrommotoren	bei verketteter und offener Schaltung
v	Anlasser		„ „	
w	Unterspannungswickelung		„ Drehstromtransformatoren	
x	Rotor (Sekundäranker)	Endpunkte der Wickelungen	für Drehstrommotoren	bei offener Schaltung
y				
z	Unterspannungswickelung		„ Drehstromtransformatoren	
u, v	Rotor (Sekundäranker) Anlasser	Anfangspunkte	für zweiphasige Anker „ zweiphasige Anker	ein- und mehrphasiger Motoren
$x\, y$	Unterspannungswickelung	Endpunkte	„ zweiphasige Transformatoren	

Um mit den zur Verfügung stehenden Buchstaben auszukommen, war eine Beschränkung in der Anwendung der Klemmenbezeichnungen nötig. Man hat infolgedessen nur die Maschinen und Transformatoren der allgemein üblichen Bauart einbezogen und Spezialausführungen freigelassen. Sofern später auch hierfür noch ein Bedürfnis sich ergeben sollte, würde die Ausdehnung auch auf diese Gebiete noch vorgenommen werden. Es ist aber wohl kaum anzunehmen, daß dieser Fall eintreten wird, da Maschinen und dazu gehörige Apparate in Spezialausführung wohl ausschließlich von instruiertem Personal angeschlossen werden.

Bei einigen Schriftarten werden Buchstaben des großen und kleinen Alphabets genau gleich geschrieben (z. B. O, S, U, V, W, X, Z) und unterscheiden sich nur durch die Größe. Letzteres kann natürlich leicht zu Verwechslungen Anlaß geben. Es empfiehlt sich daher, bei der Herstellung der Klemmenbezeichnungen solche Schriftarten zu verwenden, bei welchen sich auch die großen und kleinen Buchstaben durch ihre Form unterscheiden, z. B. also für die großen Buchstaben Blockschrift und für die kleinen Kursivschrift. In den nachstehenden Beispielen ist dies auch immer berücksichtigt.

In den Klemmenbezeichnungen ist ausdrücklich darauf hingewiesen, daß ein für die Aufstellung und das Anschließen notwendiges Schaltungsschema durch die vorliegenden Bestimmungen nicht überflüssig gemacht werden soll. Wenn man auch in den meisten Fällen durch die einheitliche Klemmenbezeichnung in der Lage sein wird, jeden Motor ohne besonderes dazugehöriges Schema anzuschließen, so soll doch die Beifügung desselben nicht unterlassen werden, da es doch schon allein in den Fällen notwendig ist, wo dem Anschließenden auch die normalen Klemmenbezeichnungen nicht bekannt sind. Außerdem erleichtert ein Schema mit ausgezogenen Verbindungen doch noch ganz wesentlich das Verständnis der Schaltung.

Früher sind kreuzende Leitungen, bei welchen eine Verbindung nicht vorhanden war, vielfach durch eine kleine bogenförmige Ausbuchtung gekennzeichnet worden. Schon in den Errichtungsvorschriften, welche seit dem 1. Januar 1908 Gültigkeit haben, ist diese Bezeichnungsweise verlassen worden, und es wurden die Leitungen einfach gerade durchgezogen. Die Tatsache, daß eine Verbindung existiert, wurde dadurch markiert, daß ein deutlicher Punkt an die Kreuzungsstelle gemacht wurde. Dieselbe Methode der Kennzeichnung ist auch hier angewandt worden, und es bezeichnet die nachstehende Abb. 1 eine Leitungskreuzung, bei welcher keine Verbindung vorhanden ist. Abb. 2 stellt eine solche Kreuzung mit Verbindung dar und Abb. 3 eine Abzweigung.

Um das Verfolgen von Hilfsleitungen zu erleichtern, empfiehlt es sich, die beiden Enden mit gleichen arabischen Ziffern zu bezeichnen; ebenso können diese Ziffern an den zusammengehörigen Klemmen getrennt von einander aufgestellter Stufenschalter und Stufenwiderstände verwendet werden. Es empfiehlt sich hierbei, die Nr. 1 derjenigen Klemme zu geben, für welche der Widerstand kurz geschlossen ist. Ist eine dauernd eingeschaltete Vorstufe vorhanden, so ist es zweckmäßig, den Anschluß für diese mit O zu bezeichnen.

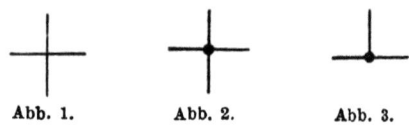

Abb. 1. Abb. 2. Abb. 3.

Es sind Zweifel darüber aufgetaucht, ob die normalen Klemmenbezeichnungen sich auch auf die Anschlußklemmen beziehen, welche direkt auf Schalttafeln aufgesetzt sind. Die Kommission hat sich hiermit ausdrücklich beschäftigt und ist zu dem Beschluß gekommen, daß solche Klemmen auf Schalttafeln, die einen Teil eines Anlassers oder Regulators bilden, den Normalien entsprechend bezeichnet werden sollen. Alle übrigen auf Schalttafeln angebrachten Klemmen brauchen aber eine Bezeichnung nicht zu erhalten. Es würde demnach die normale Klemmenbezeichnung nur bei solchen Schalttafeln durchzuführen sein, auf welche Anlasser oder Regulatoren direkt montiert sind.

B. Maschinen und dazu gehörige Apparate.

Der Drehsinn (Rechtslauf: im Uhrzeigersinn, Linkslauf: entgegen dem Uhrzeigersinn) ist bei Maschinen stets von der Riemenscheiben- bzw. Kupplungsseite aus gesehen zu verstehen.

I. Gleichstrom.

Die einheitliche Bezeichnung der Klemmen von Gleichstrommaschinen, Anlassern und Regulatoren soll sein:

Anker	mit $A-B$
Nebenschlußwickelung	„ $C-D$
Hauptstromwickelung	„ $E-F$
Wendepolwickelung bzw. Kompensationswickelung	„ $G-H$
Fremderregte Magnetwickelung .	„ $J-K$
Leitung, unabhängig von Polarität	„ L
Netz, Zweileiter	„ $N-P$
„ Dreileiter	„ $N-O-P$
„ Nulleiter	„ O

Anlasser . . . . mit $L, M. R.$
wobei
L mit N oder P verbunden werden kann,
M ,, C ,, D (ev. über einen Regulator),
R ,, A ,, B, E, F, G, H, je nach Schaltung.

Bei Umkehranlassern sind diejenigen Klemmen, deren Vertauschung zur Änderung des Motordrehsinnes erwünscht ist, doppelt zu bezeichnen, wobei die für einen der beiden Drehsinne gültige Gruppe in Klammern zu setzen ist, z. B. bei Stromumkehrung im Anker . . . . $A(B)$ und $B(A)$.

Es empfiehlt sich, nach Montage die nicht benutzten Bezeichnungen ungültig zu machen.

Bei Magnet-Regulatoren sind die Klemmen, welche mit dem Widerstand verbunden sind . . mit s—t
zu bezeichnen, wobei s mit dem Schleifkontakt unmittelbar in Verbindung steht und mit

C oder D bei Selbsterregung,
J ,, K ,, Fremderregung
zu verbinden ist.

Wenn eine mit dem Ausschaltkontakt verbundene Klemme vorhanden ist, so wird sie . . . . ,, q
bezeichnet.

Wiederholen sich Bezeichnungen an der gleichen Maschine, so sind dieselben durch Indexe zu unterscheiden, z. B. bei
Doppelkommutatormaschinen A_1—B_1, A_2—B_2
bei Maschinen mit Wendepol- und Kompensationswickelung
für erstere . . . . mit G_1—H_1
,, letztere . . . . ,, G_2—H_2

II. Wechselstrom (ausschl. Kommutatormaschinen). (Einphasen- und Mehrphasenstrom.)

Die einheitliche Bezeichnung von Wechselstrommaschinen, Anlassern und Regulatoren soll sein:

Anker bzw. Primäranker . . mit U, V, W
bei verketteter Schaltung.
(bei Einphasenstrom $U-V$)
Anker bzw. Primäranker . . „ U, V, W, X, Y, Z
bei offener Schaltung, wobei $U-X$, $V-Y$, $W-Z$
je zu einer Phase gehören.
Bei Zweiphasenstrom ist die
Bezeichnung . . . . $U-X, Y-V$
(bei Verkettung erhält der
Verkettungspunkt die Bezeichnung X, Y).
Bei Einphasenmotoren mit Hilfsphase wird
  die Hauptwicklung . . . „ $U-V$
  die Hilfswicklung . . . . „ $W-Z$
  bezeichnet.
Nullpunkt und bei Einphasenstrom der Mittelleiter . . „ O
Sekundäranker (dreiphasig) . „ u, v, w,
Sekundäranker (zweiphasig) . „ $u-x, y-v$
Magnetwicklung (Gleichstrom) „ $J-K$
Leitung, unabhängig von Polarität bzw. Phase . . . . „ L
Netz, Drehstrom mit drei Leitungen . . . . „ R, S, T
Netz, Drehstrom mit vier Leitungen (Nulleitung) . . . „ O, R, S, T
Netz, Einphasenstrom, Zweileiter . . . . „ $R-T$
Netz, Einphasenstrom, Dreileiter . . . . „ $R-O-T$
Netz, Zweiphasenstrom . . . „ $Q-S, R-T$
Bei Regulatoren für Generatoren sind die Klemmen,
welche mit dem Widerstand
verbunden sind . . . . . „ $s-t$
  zu bezeichnen, wobei s
  mit dem Schleifkontakt
  in unmittelbarer Verbindung steht und mit J
  oder K zu verbinden ist.
  Wenn eine mit dem Ausschaltkontakt verbundene Klemme vorhanden ist, wird sie . . . „ q
bezeichnet.

Bei Anlassern werden die Klemmen bezeichnet:
am Sekundäranlasser
bei dreiphasiger Ausführung . mit u, v, w
„ zweiphasiger „ . „ $u-x, y-v$
an Primäranlassern für Drehstrom . . . . „ X, Y, Z
  wenn sie im Nullpunkt angeschlossen werden,
an Primäranlassern . . . . . mit $\begin{matrix}U_1-U_2, V_1-V_2\\ W_1-W_2\end{matrix}$
  wenn sie zwischen Netz und Motor angeschlossen werden.

Bei Umkehranlassern werden die Netzanschlüsse mit R, S, T, die Anschlüsse an den Primärankern mit U (W), V, W (U) bezeichnet.

Es empfiehlt sich, nach Montage die nicht benutzten Bezeichnungen ungültig zu machen.

Es wird empfohlen, daß bei Drehstromgeneratoren die Reihenfolge der Buchstaben U, V, W bei Rechtslauf und beim Netz die Buchstaben R, S, T die zeitliche Reihenfolge der Phasen angibt.

Bezüglich der Bezeichnung des Drehsinnes ist näheres unter Nr. 4 der Grundsätze, welche auf Seite 102 abgedruckt sind, gesagt.

Für Gleichstrom wurden im allgemeinen die ersten Buchstaben des Alphabetes verwendet, und zwar wurden für jede verschiedenartige Wicklung zwei andere Buchstaben benutzt. Eine Ausnahme wurde nur bei der Wendepolwicklung und der Kompensationswicklung gemacht, für die die gleichen Buchstaben G und H gewählt sind. Dies geschah deswegen, weil weitere Buchstaben nicht mehr zur Verfügung standen und man annehmen konnte, daß diese beiden Wicklungen nur verhältnismäßig selten nebeneinander vorkommen. Wenn dies geschieht, so ist eine Unterscheidung derselben durch Indizes vorgesehen. Der Buchstabe L ist für solche Klemmen reserviert worden, bei welchen die Verwendung mit beliebiger Polarität in Frage kommen kann. Es wird dies im wesentlichen bei Anlassern auftreten, da es bei diesen oft ganz gleichgültig ist, ob L mit N (negativ) oder P (positiv) verbunden wird.

Es seien zunächst eine Anzahl von Beispielen für die Klemmenbezeichnung von Gleichstrommaschinen und Umformern in den Abb. 4 bis 14 gegeben.

Gleichstrom-Generatoren und -Motoren.

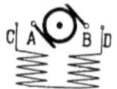
Mit Nebenschluß-Wicklung.
Abb. 4.

Mit Hauptstrom-Wicklung.
Abb. 5.

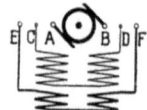
Mit Kompound-Wicklung.
Abb. 6.

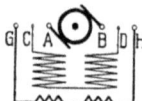
Mit Nebenschluß- und Wendepol-Wicklung.
Abb. 7.

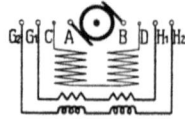
Mit Nebenschluß-, Wendepol- und Kompensations-Wicklung.
Abb. 8.

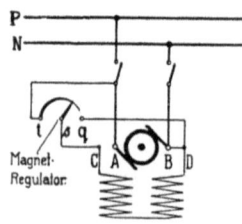
Gleichstrom-Dynamo mit Magnetregulator.
Abb. 9.

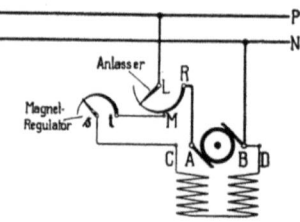
Gleichstrom-Motor mit Anlasser und Magnetregulator.
Abb. 10.

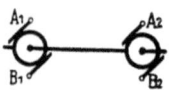
Gleichstrom-Dynamo mit zwei Kollektoren.
Abb. 11.

Dreileiter-Gleichstrom-Dynamo.
Abb. 12.

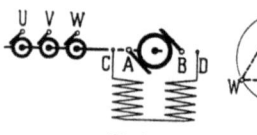
Umformer.
Abb. 13.

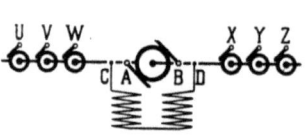
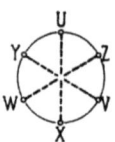
Sechsphasen-Umformer.
Abb. 14.

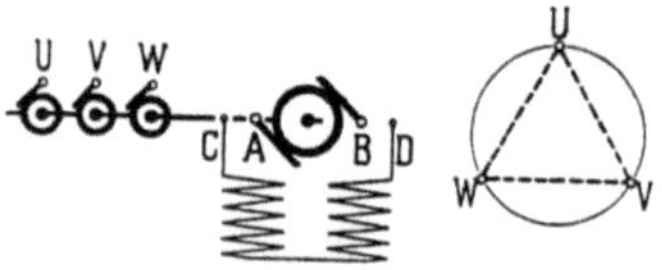

Bei den Umformern sind die Phasen der Wechselstromwicklungen noch besonders durch Diagramm dargestellt. Die Abb. 15 bis 17 geben Beispiele für Netzbezeichnungen bei Gleichstrom.

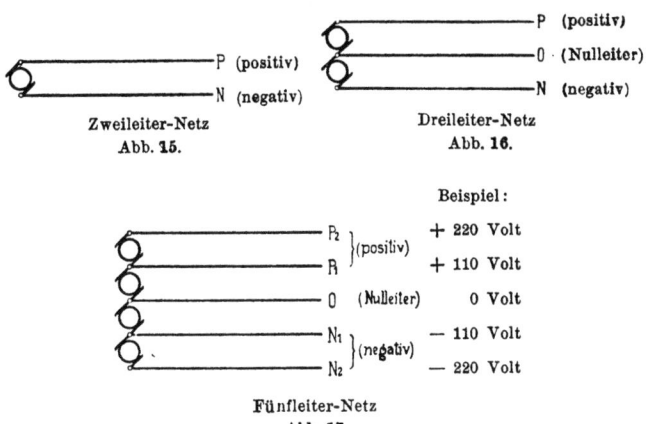

Zweileiter-Netz
Abb. 15.

Dreileiter-Netz
Abb. 16.

Fünfleiter-Netz
Abb. 17.

Es wurde bei den Beratungen über die Klemmenbezeichnungen allgemein als sehr erwünscht bezeichnet, daß man aus den Bezeichnungen bei Gleichstrommaschinen ohne weiteres die Polarität und den Drehsinn, den die Motoren bei einem bestimmten Stromlauf annehmen würden, bzw. in welchem die Generatoren laufen müßten, um sich richtig zu erregen, und die richtige Polarität zu geben, erkennen kann. Da sich aber unter Umständen Schwierigkeiten einstellen, z. B. wenn aus Versehen oder mit Absicht Maschinen umpolarisiert werden, so wurde von der Aufnahme einer diesbezüglichen Bestimmung in die normalen Klemmenbezeichnungen abgesehen. Um aber auch hier möglichste Einheitlichkeit in der Durchführung der Bezeichnungsweise zu erzielen, hat die Kommission folgenden Grundsatz aufgestellt und die Einhaltung desselben sehr empfohlen.

„Wenn die einzelnen Wicklungen $A—B$, $G—H$, sowie die Wicklungen $C—D$, $E—F$ in der alphabetischen Reihenfolge ihrer Klemmenbezeichnungen gleichsinnig durchflossen werden, hat der Motor Rechtslauf, der Generator[1]) Linkslauf."

Näheres hierüber siehe auch ETZ 1908, Seite 472.

Nach dieser von der Kommission empfohlenen Regel sind die Stromläufe der Motoren und Maschinen in den Abb. 18 bis 33 festgelegt, wobei die Wickelungen nur

---

[1]) Es ist hierbei zu berücksichtigen, daß bei den Stromverbrauchern (Lampen, Motoren usw.) der Strom von P nach N, im Anker des Generators dagegen von N nach P fließt.

durch einen starken Strich angedeutet sind. Diese Abbildungen sind der vorhin erwähnten Arbeit von Natalis entnommen und es sei die Erläuterung zu denselben wörtlich wiedergegeben:

Motoren.

Rechtslauf   Linkslauf

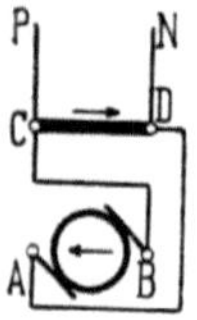

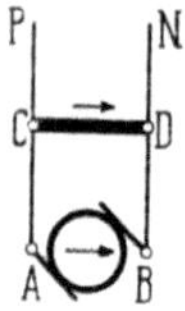

mit Nebenschluß-Wicklung.

Abb. 18.   Abb. 19.

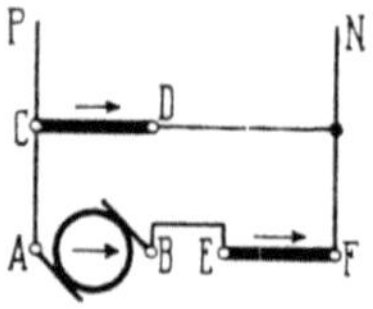

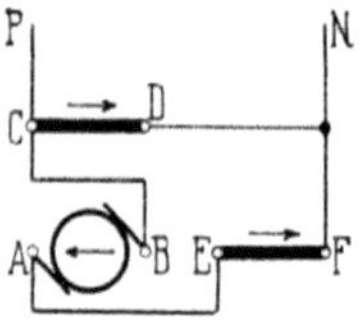

mit Kompound-Wicklung.

Abb. 20.   Abb. 21.

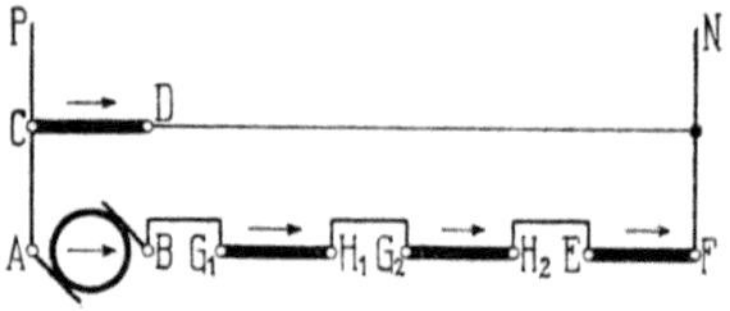

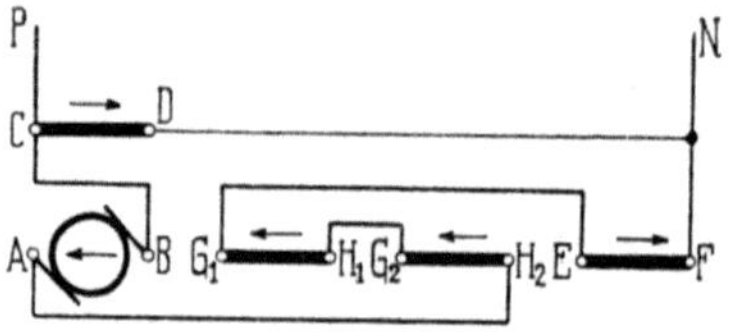

mit Kompound-, Wendepol- und Kompensations-Wicklung.

Abb. 23.

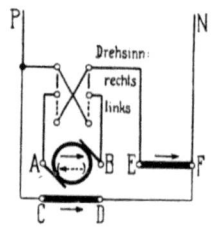

Reversierbarer Kompound-Motor.

Abb. 24.

Maschinen und dazu gehörige Apparate.

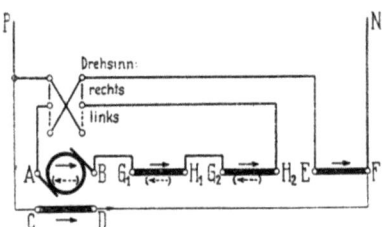

Reversierbarer Kompound-Motor mit Wendepol- und Kompensations-Wicklung.
Abb. 25.

Generatoren.

Rechtslauf — mit Nebenschluß-Wicklung. — Linkslauf
Abb. 26. Abb. 27.

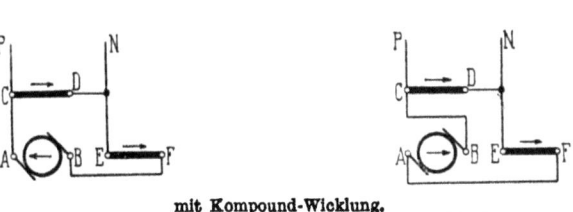

mit Kompound-Wicklung.
Abb. 28. Abb. 29.

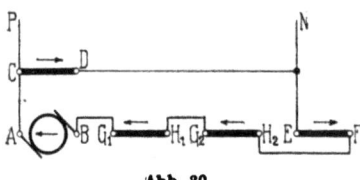

Abb. 30.

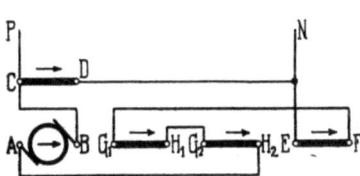

Abb. 31.
mit Kompound-, Wendepol- und Kompensations-Wicklung.

Dettmar, Erläuterungen. 4. Aufl.

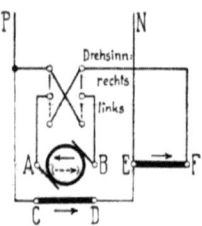

Reversierbarer Kompound-Generator.
Abb. 32.

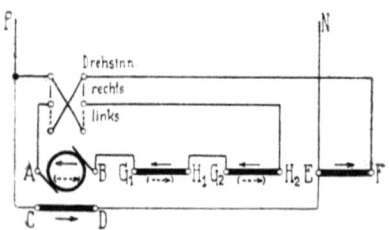

Reversierbarer Kompound-Generator mit Wendepol-
und Kompensations-Wicklung.
Abb. 33.

„Es dreht sich beispielsweise in Abb. 18 der Motor rechts herum, wenn der Strom von A nach B und von C nach D fließt, und links herum (Abb. 19), wenn der Strom von B nach A und von C nach D fließt. Beim Generator verläuft der Ankerstrom umgekehrt. Bei der Aufstellung dieser Stromläufe und Schaltungen wurde ferner davon ausgegangen, daß die Hauptstromwicklung $E—F$, wie auch die Kompensations- und Wendepolwicklung $G—H$ an den negativen Pol N des Netzes anzuschließen ist. Dieses ist z. B. bei Bahnzentralen mit geerdetem negativen Pol wünschenswert, damit die Isolation der genannten Wicklungen nicht unnötig beansprucht wird. Ist nicht der negative, sondern der positive Pol geerdet, so sind die betreffenden Wicklungen entsprechend so zu schalten, daß beim Motor E, beim Generator F mit P und $G—H$ mit dem entgegengesetzten Ankerpol verbunden wird. Von dieser Regel kann man jedoch keinen Gebrauch machen, wenn die betreffenden Motoren im Drehsinn reversiert, oder wenn die Dynamomaschinen, wie z. B. bei der Spannungsregulierung von Fördermaschinen, betriebsmäßig umpolarisiert werden müssen. In diesem Fall kann es nicht vermieden werden, daß die genannten Wicklungen bald an den einen, bald an den anderen Netzpol gelegt werden, falls man die Anwendung vielpoliger Umschalter vermeiden will. Die Abb. 24, 25, 32 und 33 beziehen sich auf eine Reversierung des Drehsinnes bei Maschinen mit Eigenerregung.

Bei der Spannungsregulierung und Umkehrung der Polarität der fremderregten Anlaßdynamos von Fördermaschinen muß man natürlich von dem Grundsatz, die magnetische Polarität der Maschine nicht zu ändern, abweichen."

Die Bezeichnungen von Bremsmagneten sind nicht festgelegt worden. Um aber auch hierin eine Einheitlichkeit zu erhalten, empfiehlt die Kommission hierfür den kleinen Buchstaben b zu verwenden und im Falle beide Enden bezeichnet werden sollen, b_1 und b_2 zu benutzen.

Für Wechselstrom wurden im allgemeinen die letzten Buchstaben des Alphabetes verwendet.

Es seien zunächst eine Anzahl von Beispielen für die Klemmenbezeichnung von Wechselstrommaschinen in den Abb. 34—44 gegeben. Die Phasen sind stets durch besondere Diagramme kenntlich gemacht.

Wechselstrom-Generatoren und Synchron-Motoren.

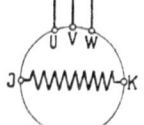 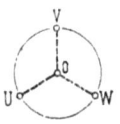 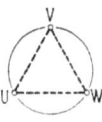

Drehstrom-Generator und Synchron-Motor.
Abb. 34.

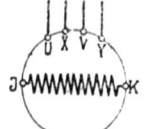 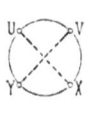 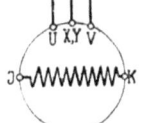 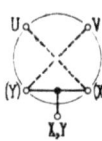

unverkettet   verkettet
Zweiphasen-Wechselstrom-Generator- und Synchron-Motor.
Abb. 35.   Abb. 36.

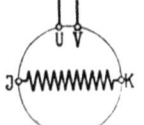  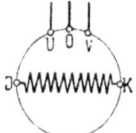 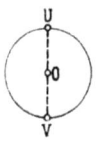

Zweileiter   Dreileiter
Einphasen-Wechselstrom-Generator und Synchron-Motor.
Abb. 37.   Abb. 38.

Asynchrone Wechselstrom-Motoren.

 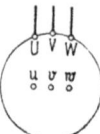 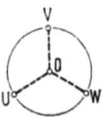 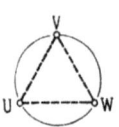

mit
zweiphasigem   dreiphasigem   Stern-   Dreieck-
Anker.   schaltung.   schaltung.
Drehstrom-Motor, Stator verkettet.
Abb. 39.

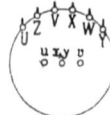 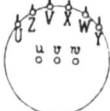 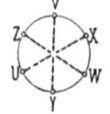

mit
zweiphasigem   dreiphasigem
Anker.
Drehstrom-Motor, Stator unverkettet.
Abb. 40.

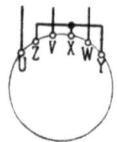 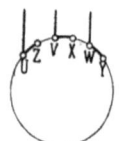

Sternschaltung   Dreieckschaltung
Drehstrom-Motor, Stator unverkettet.
Abb. 41.

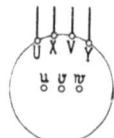 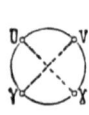 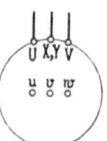 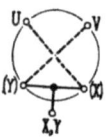

für unverkettetes Netz.   für verkettetes Netz.
Zweiphasen-Motor.
Abb. 42.   Abb. 43.

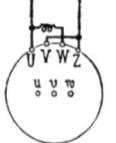 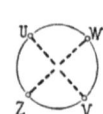

Einphasen-Motor mit Hilfsphase.
Abb. 44.

In den eigentlichen Schaltungsskizzen sind absichtlich keine Unterschiede zwischen Stern- und Dreieckschaltung gemacht. Zur Unterscheidung der Klemmen des Sekundärankers und des Primärankers empfiehlt es sich, Buchstaben zu verwenden, welche nicht leicht verwechselt werden können, da die gleichen Buchstaben sowohl in großer wie in kleiner Schrift vorkommen. Die Abb. 45 bis 50 geben Beispiele für Netzbezeichnungen bei Wechselstrom.

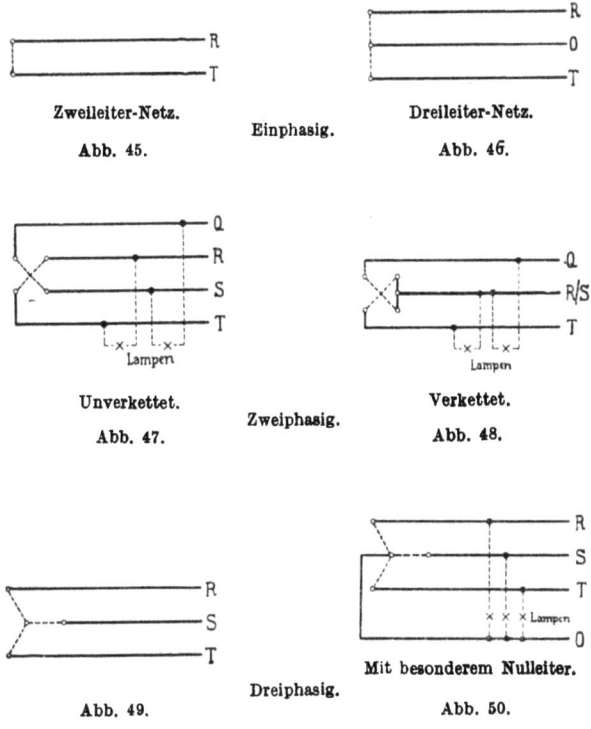

Zweileiter-Netz.
Abb. 45.
Einphasig.
Dreileiter-Netz.
Abb. 46.

Unverkettet.
Abb. 47.
Zweiphasig.
Verkettet.
Abb. 48.

Abb. 49.
Dreiphasig.
Mit besonderem Nulleiter.
Abb. 50.

Motorbremsmagnete und gewöhnliche ein- und mehrphasige Wechselstrommagnete sollen die gleiche Bezeichnung erhalten wie die zugehörigen Motoren bzw. Transformatoren. Falls es erforderlich ist, kann wieder durch Hinzufügung von Indizes eine Unterscheidung herbeigeführt werden.

Bei Kollektormotoren für Wechselstrom sind einheitliche Klemmenbezeichnungen entsprechend dem unter A. (Allgemeines) Gesagten nicht festgesetzt worden, weil diese Maschinen noch zu sehr in der Entwicklung begriffen sind. Es lassen sich hier einheitliche Schaltungen noch nicht ohne weiteres herausbilden. Um aber einer späteren Regelung schon vorzuarbeiten, empfiehlt die Kommission bei Wechselstrom-Kommutatormaschinen die Bezeichnung der Gleichstrom- und Wechselstrominduktionsmaschinen sinngemäß zu übertragen. Die Abb. 51 bis 53 geben hierfür Beispiele.

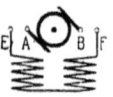
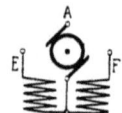

Wechselstrom-Serienmotor.
Abb. 51.

Wechselstrom-Serienmotor für zwei Drehrichtungen.
Abb. 52.

Repulsionsmotor.
Abb. 53.

Sind bei einem Kollektormotor auch noch 3 Schleifringe vorhanden, so könnten dieselben die Bezeichnungen u, v, w erhalten.

C. Transformatoren.

Die einheitliche Bezeichnung der Klemmen von Transformatoren soll sein:

Drehstromwickelung höherer Spannung (Oberspannungswickelung) . . . . mit $U, V. W$
bei verketteter Schaltung.

Drehstromwickelung niederer Spannung (Unterspannungswickelung) . . . . „ u, v, w
bei verketteter Schaltung.

Drehstromwickelung höherer Spannung (Oberspannungswickelung) . . . . „ U, V, W, X, Y, Z
bei offener Schaltung.

Drehstromwickelung niederer Spannung (Unterspannungswickelung) . . . . „ u, v, w, x, y, z
bei offener Schaltung.

Einphasenstrom, Wickelung höherer Spannung (Oberspannungswickelung) . . . „ $U-V$

Einphasenstrom, Wickelung niederer Spannung (Unterspannungswickelung) . . . „ $u-v$

Nullpunkt und bei Einphasenstrom, Mittelleiter
    für Oberspannung . . . „ O
    für Unterspannung . . . „ o

Stromtransformator,
    Netzseite . . . . ,, $L_1—L_2$
    Apparatseite . . . . . . ,, $l_1—l_2$

Die alphabetische Reihenfolge der Buchstaben, die an den Klemmen der Primär- und Sekundärwickelung angebracht sind, muß den gleichen Drehsinn ergeben.

Die Oberspannungswicklungen und Unterspannungswicklungen sind dadurch unterschieden worden, daß für die ersteren große Buchstaben, für die letzteren kleine gewählt wurden. Es ist infolgedessen aber notwendig, verschiedene Schriftarten zu verwenden, damit Verwechslungen zwischen den großen und kleinen Buchstaben ausgeschlossen sind. Für die Stromtransformatoren, welche vielfach zum Anschluß von Meßinstrumenten benutzt werden, mußten besondere Bezeichnungen geschaffen werden, um die häufig vorkommende Verwechslung derselben mit Spannungstransformatoren auszuschließen. Es wurden für diese die Buchstaben L_1, L_2 und l_1, l_2 gewählt. Die Abb. 54 bis 58 geben einige Beispiele für die Bezeichnung von Spannungstransformatoren an.

Spannungs-Transformatoren.

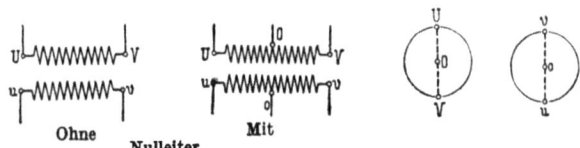

Ohne   Mit
    Nulleiter.
Für einphasigen Wechselstrom.
Abb. 54.

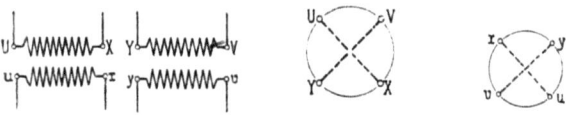

Für zweiphasigen unverketteten Wechselstrom.
Abb. 55.

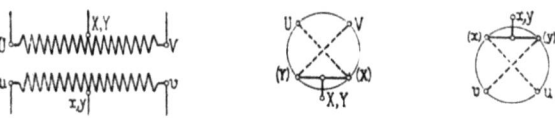

Für zweiphasigen verketteten Wechselstrom.
Abb. 56.

Klemmen-Bezeichnungen.

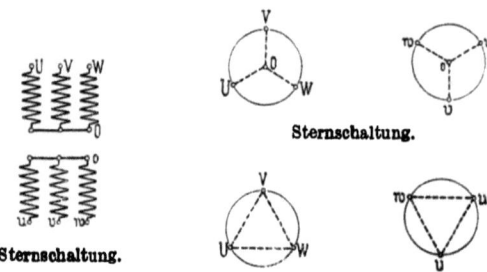

Sternschaltung.

Sternschaltung.

Dreieckschaltung.

Für Drehstrom, Transformator in verketteter Schaltung.
Abb. 57.

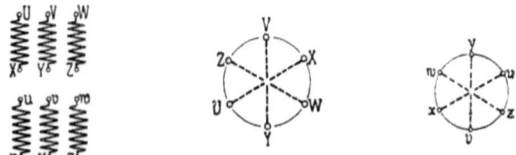

Für Drehstrom, Transformator in offener Schaltung.
Abb. 58.

IV. Normalien für die Prüfung von Eisenblech.[1]

1. Der Gesamtverlust im Eisen ist mittels Leistungsmessers an einer aus mindestens vier Tafeln entnommenen Probe von mindestens 10 kg zu bestimmen und wird für $B_{max.} = 10000$ cgs und für $B_{max.} = 15000$ cgs und Frequenz 50 in Watt für 1 kg und einer Temperatur von 20° C angegeben; diese Zahlen, bezogen auf sinusförmigen Verlauf der Spannungskurven, heißen „Verlustziffer". (Abgekürzte Bezeichnung V_{10} und V_{15}.)

2. Unter „Alterungskoeffizient" soll die prozentuale Änderung der Verlustziffer für $B_{max.} = 10000$ cgs nach 600 Stunden erstmaliger Erwärmung auf 100° C verstanden werden.

3. Zur Beurteilung der Magnetisierbarkeit des Eisens dient die Angabe der Liniendichte in cgs bei 300 AW/cm und bei einem der Punkte 100, 50 und 25 AW/cm.

4. Als spezifisches Gewicht des Eisens soll bei gewöhnlichen Dynamoblechen 7,7, bei legierten 7,5 angenommen werden.

5. Für die Messung der Verlustziffer dient ein magnetischer Kreis, welcher nur Eisen der zu prüfenden Qualität enthält und der den Ausführungsbestimmungen gemäß zusammengesetzt ist.

6. Als normale Blechstärken gelten 0,3, 0,5 und 0,8 mm; Abweichungen der Blechstärken dürfen an keiner Stelle $+ 10\%$ der vorgeschriebenen überschreiten. (Dabei ist gemeint, daß es sich um Abweichungen von meßbarer Ausdehnung handelt, nicht um kleine Grübchen oder Wärzchen, wie sie bei der Fabrikation unvermeidlich sind.)

---

[1] Diese Normalien befinden sich z. Z. in Revision. Es wird schon der Jahresversammlung 1914 ein neuer Wortlaut zur Beschlußfassung vorgelegt werden. Näheres hierüber siehe ETZ 1914, Seite 512.

7. In Zweifelsfällen gilt die Untersuchung durch die Physikalisch-Technische Reichsanstalt.

Ausführungsbestimmungen.

a) Zur Ausführung der Messung der Verlustziffer wird der Apparat nach Epstein[1]) benutzt.

b) Die zur Prüfung verwendeten Blechstreifen, 500 mm lang und 30 mm breit, müssen zur Hälfte parallel und zur Hälfte senkrecht zur Walzrichtung mit einem scharfen Werkzeug gratfrei geschnitten werden und dürfen einer weiteren Behandlung nicht unterliegen. Für hinreichende Isolation der Streifen gegeneinander durch Papierzwischenlage ist Sorge zu tragen.

c) Zur Bestimmung der Magnetisierbarkeit dienen ballistische Meßmethoden an Ringen bzw. Streifen oder der Apparat nach Köpsel. Auch die hierbei verwendeten Blechstreifen müssen zur Hälfte parallel und zur Hälfte senkrecht zur Walzrichtung mit einem scharfen Werkzeug gradfrei geschnitten werden und dürfen einer weiteren Behandlung nicht unterliegen.

Die Angaben beziehen sich auf Kommutierungspunkte.

d) Wird eine Untersuchung durch die Physikalisch-Technische Reichsanstalt nach diesen Normalien gewünscht, so ist dies in dem Prüfungsantrag ausdrücklich anzugeben und außerdem, ob das übersandte Dynamoblech als legiertes oder gewöhnliches zu betrachten ist.

Die Maschinennormalien-Kommission ist zurzeit damit beschäftigt, die Normalien für die Prüfung von Eisenblech einer Neubearbeitung zu unterziehen. Das Resultat wird schon der Jahresversammlung 1914 vorgelegt werden, so daß dann in der Neuauflage dieses Buches der neue Wortlaut wird Berücksichtigung finden können. Siehe hierüber auch ETZ 1914, Seite 512.

---

[1]) Wegen der Einzelheiten wird auf die Veröffentlichung „ETZ" 1900, S. 303 und 1905, S. 403 verwiesen.

V. Normalien für die Verwendung von Elektrizität auf Schiffen.

Als normale Stromart an Bord von Schiffen gilt Gleichstrom, als normale Spannung 110 V an den Verbrauchsstellen unter Verwendung des Zweileitersystems.

I. Begründung für die Empfehlung des Gleichstromes.

1. Die Gleichstrommotoren sind nach dem heutigen Stande der Elektrotechnik infolge ihrer besseren Regulierfähigkeit gerade für die Kraftanlagen an Bord von Schiffen geeigneter.

2. In bezug auf Lebensgefahr ist der Gleichstrom weniger gefährlich als Wechselstrom von gleicher effektiver Spannung.

3. Die Kriegsmarine ist schon wegen ihrer Scheinwerfer auf Gleichstrom angewiesen. Eine einheitliche Stromart für Kriegs- und Handelsmarine liegt nicht nur im Interesse der Schiffahrt, sondern auch im Interesse der elektrotechnischen Industrie und erfordert daher eine Berücksichtigung dieses Umstandes, der für die Handelsschiffe vielleicht nicht so ins Gewicht fällt.

4. Das Kabelnetz wird bei dem für Kraftanlagen augenblicklich nur in Frage kommenden Drehstrom unübersichtlicher. Da die drei Leitungen wegen ihrer Induktionswirkungen in einem Kabel verlegt werden müssen, ist dieses, namentlich für größere Motoren, seines Querschnittes wegen sehr schwer zu verlegen. Auch sind Abzweigungen schwierig auszuführen.

5. Bei den Handelsschiffen überwiegt im allgemeinen der Strombedarf für Beleuchtung.

6. Der bisher meistens für Wechselstrom angeführte Vorteil der Nichtbeeinflussung der Kom-

passe fällt weniger ins Gewicht, da sich diese Beeinflussung auch bei Gleichstrom durch richtige Verlegung der Kabel, sowie Bau und Aufstellung der Motoren vermeiden läßt.

II. Begründung für die Empfehlung der Spannung von 110 V.

1. Die Spannung ist eine auch in Landanlagen gebräuchliche; Lampen, Motoren und Apparate für diese Spannung sind daher vorrätig.

2. Die Spannung stellt einen Wert dar, bis zu welchem man nach den bisherigen Erfahrungen im Interesse der an Bord sehr schwierigen Isolation unbedenklich gehen kann. Als Mindestgrenze gewährleistet sie eine hinreichende Verminderung des Leitungsquerschnitts.

VI. Anhang.

1. Auszug aus den Vorschriften für die Errichtung elektrischer Starkstromanlagen nebst Ausführungsregeln[1]) (Errichtungsvorschriften).

Angenommen auf den Jahresversammlungen 1907 und 1909. Veröffentlicht: ETZ 1907, S. 882 und 1909, S. 479. Gültig ab 1. Januar 1908 bzw. 1910.

§ 2.
Erklärungen.

a) **Niederspannungsanlagen** sind solche Starkstromanlagen, bei welchen die effektive Gebrauchs-Spannung zwischen irgendeiner Leitung und der Erde 250 Volt nicht überschreiten kann; bei Akkumulatoren ist die Entladespannung maßgebend.

Alle übrigen Starkstromanlagen gelten als **Hochspannungsanlagen**.

b) **Feuersichere Gegenstände.** Als feuersicher gilt ein Gegenstand, der nicht entzündet werden kann oder der nach Entzündung nicht von selbst weiter brennt.

c) **Freileitungen.** Als Freileitungen gelten alle oberirdischen Leitungen außerhalb von Gebäuden, die weder eine metallische Schutzhülle noch eine Schutzverkleidung haben. Als Freileitungen sind nicht anzusehen Installationen im Freien an Gebäuden, in Höfen, Gärten und dergleichen, bei denen die Entfernung der Stützpunkte weniger als 10 m beträgt.

---

[1]) Diese Vorschriften befinden sich z. Z. in Revision. Der neue Wortlaut wird der Jahresversammlung 1914 vorgelegt werden. Näheres hierüber siehe ETZ 1914, Seite 477.

Die „Vorschriften für die Errichtung elektrischer Starkstromanlagen nebst Ausführungsregeln" sind zusammen mit den „Vorschriften für den Betrieb elektrischer Starkstromanlagen nebst Ausführungsregeln" sowie der „Anleitung zur ersten Hilfeleistung usw." in einem Bande (Taschenformat) erschienen und können von der Verlagsbuchhandlung Julius Springer, Berlin, bezogen werden.

Zu den Errichtungsvorschriften sind Erläuterungen von Dr. C. L. Weber erschienen, die von der Verlagsbuchhandlung Julius Springer, Berlin, bezogen werden können.

d) **Elektrische Betriebsräume.** Als elektrische Betriebsräume gelten Räume, die wesentlich zum Betriebe elektrischer Maschinen oder Apparate dienen und in der Regel nur unterwiesenem Personal zugänglich sind.

e) **Abgeschlossene elektrische Betriebsräume.** Als abgeschlossene elektrische Betriebsräume werden solche bezeichnet, welche nur zeitweise durch unterwiesenes Personal betreten, im übrigen aber unter Verschluß gehalten werden, der nur durch beaufsichtigende Personen geöffnet werden darf.

f) **Betriebsstätten.** Als Betriebsstätten werden diejenigen Räume bezeichnet, welche im Gegensatz zu elektrischen Betriebsräumen anderen als elektrischen Betriebsarbeiten dienen und nicht unterwiesenem Personal regelmäßig zugänglich sind.

g) **Durchtränkte Betriebsstätten und Lagerräume.** Als durchtränkte Betriebsstätten und Lagerräume gelten in gewerblichen Betrieben diejenigen Räume, in denen erfahrungsgemäß durch die chemische Beschaffenheit vorhandener Niederschläge oder Verunreinigungen die dauernde Erhaltung normaler Isolation erschwert und der Widerstand des Körpers der darin beschäftigten Personen gegen Erde erheblich vermindert wird.

h) **Feuergefährliche Betriebsstätten und Lagerräume.** Als feuergefährliche Betriebsstätten und Lagerräume gelten Räume, in welchen leicht entzündliche Gegenstände hergestellt, verarbeitet oder angehäuft werden, sowie solche, in welchen sich betriebsmäßig entzündliche Gemische von Gasen, Dämpfen, Staub oder Fasern bilden können.

i) **Explosionsgefährliche Betriebsstätten und Lagerräume.** Als explosionsgefährlich gelten Räume, in denen explosible Stoffe hergestellt, verarbeitet oder aufgespeichert werden.

k) **Schlagwettergefährliche Grubenräume.** Als schlagwettergefährliche Grubenräume gelten diejenigen, die als solche von der zuständigen Bergbehörde bezeichnet werden; alle anderen gelten als nicht schlagwettergefährlich.

§ 3.

Schutz gegen Berührung.[1])

a) Die unter Spannung gegen Erde stehenden nicht mit Isolierstoff bedeckten Teile müssen im Handbereich gegen zufällige Berührung geschützt sein. (Ausnahme siehe § 28a.) Ausgenommen hiervon sind Fahrleitungen von Bahnen in Bergwerken unter Tage (siehe § 42).

b) Bei Hochspannung müssen sowohl die blanken

---

[1]) Beim Arbeitsausschuß der Kommission für Errichtungs- und Betriebsvorschriften war angefragt worden, in wieweit die Schutzmaßnahmen gegen Berührung bei Maschinen schon bei

als auch die mit Isolierstoff bedeckten unter Spannung gegen Erde stehenden Teile durch ihre Lage, Anordnung oder besondere Schutzvorkehrungen der Berührung entzogen sein. (Ausnahmen siehe § 8d, 28b und 29a.)

c) Alle der zufälligen Berührung ausgesetzten, zur elektrischen Anlage direkt gehörigen metallischen Konstruktionsteile, die sich in der Nähe von Hochspannung führenden Teilen befinden, müssen geerdet werden, soweit nicht in den Vorschriften Ausnahmen zugelassen sind, oder Isolierung ausdrücklich vorgeschrieben ist.

1. Als Erdung gilt eine gutleitende Verbindung mit der Erde. Sie soll so ausgeführt werden, daß in der Bodenoberfläche ein den örtlichen Verhältnissen entsprechendes tunlichst ungefährliches allmählich verlaufendes Potentialgefälle erzielt wird.

2. Als Elektroden dienen Platten, vorhandene Rohrnetze, Drahtverzweigungen, Gitterwerke, Eisenkonstruktionen, Schienen usw.

Es empfiehlt sich, in Bergwerken unter Tage mehrere verschiedenartige Erdungen gleichzeitig anzuwenden, von denen nach Möglichkeit eine in der Wasserseige oder im Sumpf angeordnet werden soll.

3. Der Querschnitt von Erdleitungen soll mit Rücksicht auf die zu erwartenden Erdschlußstromstärken bemessen werden, die im allgemeinen der Auslösestromstärke der im Bereich des zu erdenden Teils liegenden Stromsicherung entsprechen.

Als geringste Querschnitte gelten 16 qmm in elektrischen Betriebsräumen und 4 qmm in sonstigen Installationen, im übrigen kann bei Leitungskupfer auf je 10 Ampere Erdschlußstromstärke 1 qmm Querschnitt gerechnet werden.

4. Die Erdungsleitungen sollen so bemessen und angeordnet sein, daß sie gegen mechanische und chemische Beschädigungen geschützt sind.

5. Schutzverkleidungen aus Pappe und ähnlichem wenig widerstandsfähigem Material sollen in Bergwerken unter Tage nicht angewendet werden. Ausnahme siehe § 28³. Holz ist unter Umständen zulässig. Bei Hochspannung sollen die unter b) erwähnten Schutzverkleidungen so angebracht sein, daß sie nur mit Hilfe von Werkzeugen entfernt werden können.

---

ihrem Bau berücksichtigt werden müssen. Es wurde hierauf folgende Auskunft gegeben:

„Die Maschinennormalien beziehen sich lediglich auf die Funktion einer Maschine als solcher. Die Errichtungsvorschriften dagegen betreffen die Sicherheit der ganzen Anlage und müssen daher in allen Teilen der Anlage befolgt sein. Den Errichtungsvorschriften kann ebensowohl genügt sein durch die Bauart einer Maschine selbst als durch zusätzliche Schutzmittel oder die Art der Aufstellung. Daher sagen die Vorschriften des Verbandes nichts einzelnes darüber, ob die Sicherheitsbestimmungen durch die Bauart einer Maschine oder durch besondere Hilfsmittel zu erfüllen sind. Es ergibt sich somit für den Arbeitsausschuß der Kommission für Errichtungs- und Betriebsvorschriften kein Anlaß, über die Bauart einer Maschine eine bestimmte Außerung abzugeben."

§ 4.

Übertritt von Hochspannung.

Um den Übertritt von Hochspannung in Stromkreise für Niederspannung, sowie das Entstehen von Hochspannung in letzteren zu verhindern oder ungefährlich zu machen, sind geeignete Maßnahmen zu treffen.

1. Als geeignete Maßnahme gilt das Anbringen von erdenden oder kurzschließenden oder abtrennenden Sicherungen, oder gleichwertigen Mitteln, oder das Erden geeigneter Punkte.

§ 6.

Elektrische Maschinen.

a) Elektrische Maschinen sind so aufzustellen, daß etwaige im Betriebe der elektrischen Einrichtung auftretende Feuererscheinungen keine Entzündung von brennbaren Stoffen hervorrufen können.

b) Bei Hochspannung müssen elektrische Maschinen entweder gut isoliert montiert und in diesem Falle mit einem gut isolierenden Bedienungsgange umgeben sein, oder ihre Gestelle müssen geerdet und, soweit der Fußboden in ihrer Nähe leitend ist, mit diesem leitend verbunden sein.

§ 7.

Transformatoren.

a) Bei Hochspannung müssen Transformatoren entweder in geerdete Metallgehäuse eingeschlossen oder in besonderen Schutzverschlägen untergebracht sein. Ausgenommen von dieser Vorschrift sind Transformatoren in abgeschlossenen Betriebsräumen (§ 29) und solche, welche nur mittelst besonderer Hilfsmittel zugänglich sind.

b) An Hochspannungstransformatoren mit Ausnahme von Meßtransformatoren (siehe § 15) müssen, wenn deren Gestell nicht betriebsmäßig geerdet ist, Vorrichtungen angebracht sein, welche gestatten, die Erdung des Gestells gefahrlos vorzunehmen, oder die Transformatoren allseitig abzuschalten.

§ 10.

Apparate, Allgemeines.

a) Die äußeren stromführenden Teile der Apparate müssen in der Regel auf feuersicheren Unterlagen montiert oder feuersicher eingebaut sein.

1. Wegen der Unterlagen für stromführende Teile von Steuerschaltern, Steckvorrichtungen und in Betriebsräumen siehe §§ 12[1], 13[1] und 33[1].

b) Die Apparate sind derartig zu bemessen, daß sie durch den stärksten normal vorkommenden Betriebsstrom keine für den Betrieb oder die Umgebung gefährliche Temperatur annehmen können.

c) Die Apparate müssen derart gebaut oder angebracht sein, daß einer Verletzung von Personen durch Splitter, Funken, geschmolzenes Material oder Stromübergänge bei ordnungsmäßigem Gebrauch tunlichst vorgebeugt wird.

d) Apparate müssen so gebaut und angebracht sein, daß für die anzuschließenden Drähte (auch an den Einführungsstellen) ein genügender Isolationszustand gegen benachbarte Gebäudeteile, Leitungen und dergleichen vorhanden ist.

2. Es ist darauf zu achten, daß bereits durch den Bau der Apparate die unter Spannung gegen Erde stehenden Teile der zufälligen Berührung tunlichst entzogen werden.

3. Für Griffe und Kuppelungsstangen ist Holz zulässig, bei Hochspannung für Griffe jedoch nur, wenn das Holz mit Isoliermasse imprägniert ist und der Holzgriff auf einem geerdeten oder isolierten Teile aufsitzt. Bei Spannungen über 1000 Volt sollen Griffe jeder Art so eingerichtet sein, daß sich zwischen der bedienenden Person und den spannungführenden Teilen eine isolierende Strecke und eine geerdete Stelle befindet.

§ 12.
Anlasser und Widerstände.

a) Anlasser und Widerstände, an denen Stromunterbrechungen vorkommen, müssen so gebaut sein, daß bei ordnungsmäßiger Bedienung kein Lichtbogen bestehen bleibt.

b) Die Anbringung besonderer Ausschalter (siehe § 11 d) ist bei Anlassern und Widerständen nur dann notwendig, wenn der Anlasser nicht selbst den Stromverbraucher allpolig abschaltet.

1. In eingekapselten Steuerschaltern und dergleichen ist bis 1000 Volt imprägniertes Holz auch außerhalb eines Ölbades zulässig, abgesehen von Räumen mit ätzenden Dünsten. (Siehe § 33[1]).

2. Die stromführenden Teile von Anlassern, Widerständen und Heizapparaten sollen mit einer Schutzhülle aus feuersicherem Material verkleidet sein. (Ausnahme siehe § 28[2] und 39i.) Anlasser, Widerstände und Heizapparate sollen auf feuersicherer Unterlage, und zwar freistehend, oder an feuersicheren Wänden und von entzündlichem Material genügend weit entfernt angebracht werden.

Bei Hochspannung sollen Schutzhüllen aus Metall geerdet werden.

§ 20.
Bemessung der Leitungen.

Elektrische Leitungen sind so zu bemessen, daß sie bei den vorliegenden Betriebsverhältnissen genügende mechanische Festigkeit besitzen und keine unzulässigen Erwärmungen annehmen können.

1. Isolierte Kupferleitungen und nicht im Erdboden verlegte Kabel[1]) aus Leitungskupfer sollen höchstens mit den in nachstehender Tabelle verzeichneten Stromstärken dauernd belastet werden.

Querschnitt in qmm	Höchstzulässige Stromstärke in Amp.	Nennstromstärke für entsprechende Abschmelzsicherung in Amp.
0,75	9	6
1	11	6
1,5	14	10
2,5	20	15
4	25	20
6	31	25
10	43	35
16	75	60
25	100	80
35	125	100
50	160	125
70	200	160
95	240	190
120	280	225
150	325	260
185	380	300
240	450	360
310	540	430
400	640	500
500	760	600
625	880	700
800	1050	850
1000	1250	1000

Blanke Kupferleitungen bis zu 50 qmm unterliegen gleichfalls den Vorschriften der vorliegenden Tabelle. Auf blanke Kupferleitungen über 50 qmm sowie auf alle Freileitungen finden die vorstehenden Zahlenbestimmungen keine Anwendung, solche Leitungen sind in jedem Falle so zu bemessen, daß sie durch den stärksten normal vorkommenden Betriebsstrom keine für den Betrieb oder die Umgebung gefährliche Temperatur annehmen können.

2. Bei intermittierendem Betriebe ist die zeitweilige Erhöhung der Belastung über die Tabellenwerte zulässig, sofern dadurch keine größere Erwärmung als bei der der Tabelle entsprechenden Dauerbelastung entsteht.

Beim Anschluß von Bogenlampen, Motoren und ähnlichen Stromverbrauchern mit wechselndem Stromverbrauch, für welche keine zuverlässigen Anhaltspunkte für die kurzzeitigen Stromstöße vorliegen, empfiehlt es sich, mindestens das $1^1/_2$ fache der Normalstromstärke der Bemessung des Leitungsquerschnittes zugrunde zu legen.

3. Der geringste zulässige Querschnitt für Kupferleitungen beträgt

für Leitungen an und in Beleuchtungskörpern . . 0,75 qmm

für isolierte Leitungen bei Verlegung in Rohr oder

---

[1]) Für die Belastung von im Erdboden verlegten Kabeln, auf welche sich die „Errichtungsvorschriften" gemäß § 1 nicht beziehen, sind Anhaltspunkte in den Belastungstabellen, welche die „Normalien für Leitungen" enthalten, gegeben. (In Bergwerken unter Tage sind Kabel, welche in der Sohle verlegt sind, zu behandeln wie im Erdboden verlegte Kabel.)

auf Isolierkörpern, deren Abstand nicht mehr als
1 m beträgt. . . . . 1 qmm
für blanke Leitungen in Gebäuden, sowie für isolierte Leitungen in Gebäuden und im Freien, bei denen der Abstand der Befestigungspunkte mehr
als 1 m beträgt . . . . 4 ,,
bei Freileitungen für Niederspannung . . . . . 6 ,,
bei Freileitungen für Hochspannung . . . . . . 10 ,,
in Bergwerken unter Tage beträgt der geringst zulässige Querschnitt für Kupferleitungen an und
in Beleuchtungskörpern . . . . 1 ,,
für isolierte Leitungen bei Verlegung auf Isolierkörpern
. . . . 2,5 ,,

4. Bei Verwendung von Leitern aus minderwertigem Kupfer oder anderen Metallen sollen die Querschnitte so gewählt werden, daß sowohl Festigkeit wie Erwärmung durch den Strom den im Vorigen für Kupfer gegebenen Querschnitten entsprechen.

§ 28.
Elektrische Betriebsräume.

a) Entgegen § 3a bedürfen bei Niederspannung die unter Spannung gegen Erde stehenden Teile keines besonderen Schutzes gegen Berührung.

b) Entgegen § 3b kann bei Gleichstrom bis 1000 Volt von einer Schutzvorrichtung insoweit abgesehen werden, als diese nach den örtlichen Verhältnissen entbehrlich ist oder die Bedienung und Beaufsichtigung behindert.

c) Bei Hochspannung sind auch solche blanke Leitungen gestattet, welche nicht Kontaktleitungen sind. Vergleiche § 24b.

In Bergwerken unter Tage fällt diese Erleichterung fort. Auch bei Niederspannung sind blanke Leitungen nur in abgeschlossenen Betriebsräumen (siehe § 21e) oder als Fahrleitungen (siehe § 42) zulässig.

d) Schalter in Betriebsräumen brauchen der Bestimmung in § 11a nur bei der Stromstärke zu genügen, für deren Unterbrechung sie bestimmt sind. Auf solchen Schaltern ist außer der Betriebsspannung und Betriebsstromstärke auch die zulässige Ausschaltstromstärke zu vermerken.

1. Schalter brauchen nicht Momentschalter zu sein.

e) Entgegen § 11f können Nulleiter und betriebsmäßig geerdete Leitungen ausschaltbar gemacht werden.

f) Entgegen § 12b sind in Betriebsräumen bei nicht allpolig abschaltenden Anlassern keine besonderen Ausschalter notwendig.

In Bergwerken unter Tage fällt diese Erleichterung fort.

2. Die Regel des § 12^2 ist für Betriebsräume nicht maßgebend.

g) Die im § 21a geforderte Schutzverkleidung ist bei Niederspannung und bei isolierten Hochspannungsleitungen unter 1000 Volt nur insoweit erforderlich, als sie mechanischer Beschädigung ausgesetzt sind.

h) Unverwechselbarkeit der Sicherungen wird für Leitungen innerhalb von Betriebsräumen nicht gefordert.

i) Bei Schalt- und Signalanlagen ist es gestattet, Leitungen verschiedener Stromkreise in einem Rohre zu verlegen.

k) Entgegen § 18g sind Handlampen bei Gleichstrom bis 1000 Volt zulässig; ihre Bauart muß der angewendeten Spannung entsprechen.

In Bergwerken unter Tage fällt diese Erleichterung fort.

3. In Bergwerken unter Tage sind entgegen § 3^5 für Niederspannungs-Hebelschalter Pappschutzkästen zulässig.

§ 29.

Abgeschlossene elektrische Betriebsräume.

a) In solchen Räumen gelten die Bestimmungen für elektrische Betriebsräume mit der Maßgabe, daß auch bei Hochspannung ein Schutz der unter Spannung stehenden Teile nur gegen zufällige Berührung gefordert wird. (Siehe auch § 8d.)

b) Bei Hochspannung dürfen entgegen § 7a Transformatoren ohne geerdetes Metallgehäuse und ohne besonderen Schutzverschlag aufgestellt werden, wenn ihr Gestell geerdet ist.

§ 34

Feuergefährliche Betriebsstätten und Lagerräume.

a) Die Umgebung von Dynamomaschinen, Elektromotoren, Transformatoren, Umformern, Widerständen usw. muß von entzündlichem Material freigehalten werden können.

b) Sicherungen, Schalter und ähnliche Apparate, in denen betriebsmäßig Stromunterbrechung stattfindet, sind in feuersicher abschließenden Schutzhüllen unterzubringen.

c) Blanke Leitungen sind nicht zulässig. Isolierte Leitungen sind nur mit wasserdichter Isolierhülle zulässig.

In Bergwerken unter Tage sind isolierte Leitungen nur in Rohren nach § 26b gestattet.

1. Auf Schutz gegen mechanische Beschädigung ist besonders zu achten.

d) Die Verwendung von Spannungen über 1000 Volt ist unzulässig.

In Bergwerken unter Tage ist nur Gleichstrom bis 500 Volt und Niederspannungs-Wechselstrom zulässig.

Errichtungsvorschriften.

§ 35.

Explosionsgefährliche Betriebsstätten und Lagerräume.

a) Dynamomaschinen, Elektromotoren, Transformatoren, Umformer und Widerstände, desgleichen Ausschalter, Sicherungen und ähnliche Apparate, in denen betriebsmäßig Stromunterbrechung stattfindet, dürfen nur insoweit verwendet werden, als für die besonderen Verhältnisse explosionssichere Bauarten bestehen.

b) Leitungen müssen eine wasserdichte Isolierhülle haben, deren Beschaffenheit der verwendeten Spannung entspricht, und sind nur in Rohren oder als Kabel zulässig. Mehrfachleitungen sind unzulässig.

c) Es sind nur Glühlampen zulässig, welche im luftleeren Raume brennen. Sie müssen mit dicht schließenden Überglocken, welche auch die Fassung dicht einschließen, versehen sein.

d) Die Verwendung von Hochspannung ist in solchen Räumen nicht zulässig.

e) Etwaige behördliche Sondervorschriften über explosionsgefährliche Betriebe bleiben durch vorstehende Bestimmungen unberührt.

§ 41.

Schlagwettergefährliche Grubenräume.

a) Die nach schlagwettergefährlichen Grubenräumen führenden Leitungen müssen von schlagwetternichtgefährlichen Räumen oder von über Tage aus allpolig abschaltbar sein.

b) In schlagwettergefährlichen Grubenräumen dürfen nur schlagwettersichere Maschinen, Transformatoren und Apparate verwendet werden.

c) Es sind nur Glühlampen zulässig, die im luftleeren Raume brennen.

1. Glühlampen sollen eine Überglocke und einen Schutzkorb aus starkem Drahtgeflecht besitzen.

d) Blanke Leitungen sind nur als Erdungsleitungen zulässig.

e) Isolierte Leitungen dürfen nur in widerstandsfähigen geerdeten Eisen- und Stahlröhren verlegt werden.

§ 46.

Betriebe im Abbau.

a) Auf ausreichenden Schutz transportabler Leitungen gegen Beschädigung ist ganz besonders zu achten.

1. Tragbare Elektromotoren, welche eine ständige Handhabung unter Spannung erfordern, wie Bohr- und Schrämmaschinen, sollen nur bei Niederspannung verwendet werden. In trockenen Räumen ist auch Gleichstrom bis 500 Volt zulässig.

2. Im Abbau sollen alle nicht unter Spannung gegen Erde stehenden Metallteile elektrischer Maschinen und Apparate nach Möglichkeit geerdet sein.

2. Auszug aus den Vorschriften für den Betrieb elektrischer Starkstromanlagen nebst Ausführungsregeln[1]) (Betriebsvorschriften).

Angenommen auf der Jahresversammlung 1909. Veröffentlicht: ETZ 1909, S. 481. Gültig ab 1. Januar 1910.

§ 2.
Zustand der Anlagen.

a) Die elektrischen Anlagen sind den „Errichtungsvorschriften" entsprechend in ordnungsmäßigem Zustande zu erhalten. Die bei Revisionen gefundenen Mängel sind in angemessener Frist zu beseitigen. In Anlagen, die vor dem 1. Januar 1910 errichtet sind, brauchen nur solche erhebliche Mißstände, welche das Leben oder die Gesundheit von Personen gefährden, beseitigt zu werden. Jeder Umbau einer Anlage ist, soweit es die Verhältnisse gestatten, den geltenden Vorschriften gemäß auszuführen.

b) Leicht entzündliche Gegenstände dürfen nicht in gefährlicher Nähe ungekapselter elektrischer Maschinen und Apparate, sowie offen verlegter spannungführender Leitungen gelagert werden.

c) Schutzvorrichtungen und Schutzmittel jeder Art müssen in brauchbarem Zustand erhalten werden.

1. Als Schutzmittel gelten gegen die herrschende Spannung isolierende, einen sicheren Stand bietende Unterlagen, Gummihandschuhe, Gummischuhe, Schutzbrillen, isolierende Zangen, Abdeckungen, zuverlässige Erdungen und ähnliche Hilfsmittel.

2. Der Zugang zu Maschinen, Schalt- und Verteilungsanlagen soll, soweit es ihre Bedienung erfordert, freigehalten werden.

3. Maschinen und Apparate sollen in gutem Zustand erhalten und in angemessenen Zwischenräumen gereinigt werden.

---

[1]) Diese Vorschriften befinden sich z. Z. in Revision. Der neue Wortlaut wird der Jahresversammlung 1914 vorgelegt werden. Näheres hierüber siehe ETZ 1914, S. 477.

Die „Vorschriften für den Betrieb elektrischer Starkstromanlagen nebst Ausführungsregeln" sind sowohl mit den „Vorschriften für die Errichtung elektrischer Starkstromanlagen nebst Ausführungsregeln" sowie mit der „Anleitung zur ersten Hilfeleistung usw." zusammen als auch mit der „Anleitung zur ersten Hilfeleistung bei Unfällen im elektrischen Betriebe" und den „Empfehlenswerten Maßnahmen bei Bränden" zusammen in je einem Bande (Taschenformat) erschienen und können von der Verlagsbuchhandlung von Julius Springer, Berlin, bezogen werden.

§ 5.
Bedienung elektrischer Anlagen.

a) Jede unnötige Berührung von Leitungen, sowie ungeschützter Teile von Maschinen, Apparaten und Lampen ist verboten.

b) Die Bedienung von Schaltern, das Auswechseln von Sicherungen und die betriebsmäßige Bedienung der Maschinen, Apparate, Lampen ist nur den damit beauftragten Personen gestattet, wo erforderlich, unter Benutzung von Schutzmitteln.

1. Sicherungen und Unterbrechungsstücke bei Hochspannung sollen, wenn die Apparate nicht so gebaut oder angeordnet sind, daß man sie ohne weiteres gefahrlos handhaben kann, nur unter Benutzung isolierender oder sonstiger geeigneter Schutzmittel, betätigt werden.

c) Reinigungs-, Wartungs- und Instandsetzungsarbeiten dürfen nur durch damit beauftragte und mit den Arbeiten vertraute Personen oder unter deren Aufsicht durch Hilfsarbeiter ausgeführt werden. Die Arbeiten sind, wenn möglich, in spannungsfreiem Zustande, das heißt nach allpoliger Abschaltung der Stromzuführungen, unter Berücksichtigung der im § 6 und 7, wenn unter Spannung gearbeitet werden muß, unter Berücksichtigung der im § 8 gegebenen Sonderbestimmungen vorzunehmen.

2. Es ist besonders darauf zu achten, daß der spannungsfreie Zustand nicht immer durch Herausnahme von Schaltern und dergleichen allein gewährleistet ist, da noch Verbindungen durch Meßschaltungen, Ring- und Doppelleitungen usw. bestehen können, oder eine Rücktransformierung, Induktion, Kapazität usw. vorhanden sein kann.

§ 6.
Maßnahmen zur Herstellung und Sicherung des spannungsfreien Zustandes.

a) Ist die Abschaltung desjenigen Teiles der Anlage, an welchem gearbeitet werden soll, und der in unmittelbarer Nähe der Arbeitsstelle befindlichen Teile nicht unbedingt sichergestellt, so muß an der Arbeitsstelle mit den erforderlichen Vorsichtsmaßregeln eine Erdung und Kurzschließung vorgenommen werden.

1. Es empfiehlt sich, bei Schaltern, Trennstücken und dergleichen, welche einen Arbeitspunkt spannungsfrei machen sollen, für die Dauer der Arbeit ein Schild oder dergleichen anzubringen, welches darauf hinweist, daß an dem zugehörgen Teil der elektrischen Anlage gearbeitet wird.
2. Zur provisorischen Erdung und Kurzschließung sollen Leitungen unter 10 qmm nicht verwendet werden.
3. Erdungen und Kurzschließungen sollen nur vorgenommen werden, wenn es ohne Gefahr geschehen kann, oder wenn sich der Arbeitende vergewissert hat, daß die Teile auch wirklich abgeschaltet sind.

4. Zur Orientierung des Arbeiters, ob die Arbeitsstelle spannungslos ist, können Spannungsprüfungen vorgenommen werden oder die beiderseitigen Leitungsenden gekennzeichnet sein; oder es sollen schematische Übersichts- beziehungsweise Leitungsnetzpläne mit oder ohne Angabe der erforderlichen Reihenfolge der Schaltungen entweder an den Schaltstellen vorhanden sein oder dem Schaltenden mitgegeben werden, wenn er nicht durch mündliche Anweisung oder sonstige Kenntnis über die Anlage genau unterrichtet ist.

§ 7.
Maßnahmen bei Unterspannungsetzung der Anlage.

a) Waren zur Vornahme von Arbeiten Betriebsmittel spannungsfrei, so darf die Einschaltung erst dann erfolgen, wenn das Personal von der beabsichtigten Einschaltung Kenntnis hat.

b) Vor der beabsichtigten Einschaltung sind alle Schaltungen und Verbindungen ordnungsgemäß herzustellen und keine Verbindungen zu belassen, durch welche ein Übertreten der Spannung in außer Betrieb befindliche Teile herbeigeführt werden kann.

1. Die Verständigung mit der Arbeitsstelle ist auch durch Fernsprecher zulässig, jedoch nur mit Rückmeldung.
2. Die Vereinbarung eines Zeitpunktes, bis zu dem eine Anlage wieder unter Spannung gesetzt werden soll, genügt nicht, ausgenommen, wenn es sich um die Beendigung regelmäßig eingehaltener Betriebspausen handelt.
3. Bei Aufhebung von Kurzschließungen soll die Erdverbindung zuletzt beseitigt werden.

3. Leitsätze für Schutzerdungen.

Angenommen auf der Jahresversammlung 1913.
Gültig ab 1. Januar 1914.

I. Allgemeines.

A. Zweck der Erdung.

Die Erdungsvorschriften bezwecken die in § 3 und 4 der Errichtungsvorschriften enthaltenen allgemeinen Vorschriften über die Schutzerdung (im Gegensatz zu Betriebserdungen) in Anlagen mit mehr als 250 Volt Spannung gegen Erde für alle gewöhnlich vorkommenden Fälle zu ergänzen und Normen für die Ausführung zu schaffen[1]).

---

[1]) Auch in solchen Niederspannungsräumen, in denen besondere Gefahr entsteht, wird empfohlen, nach gleichen Grundsätzen zu verfahren. Derartige Gefahren bestehen in feuchten und durchtränkten Räumen sowie in jenen Räumen, in denen die an und für sich mit Erde in leitender Verbindung stehenden Metallteile, z. B. eiserne Konstruktionsteile der Gebäude, Maschinen und Geräte aus Metall, Rohrleitungen für Wasser, Gas

Zweck der Schutzerdung ist, zu verhindern, daß Teile einer elektrischen Starkstromanlage, welche in normalem Zustande spannungslos sind oder Niederspannung führen, durch Zufall gefährliche Spannungen annehmen.

B. Begriffserklärung.

Als Erdung im Sinne dieser Vorschriften ist anzusehen:

1. Der Anschluß an natürliche Erden, wie ausgedehnte Eisenkonstruktionsteile, Rohrleitungen oder ähnliche Metallmassen, soweit sie mit dem Erdreich in dauernder Verbindung stehen und genügenden Querschnitt aufweisen;
2. der Anschluß an künstliche Erden, wie in das Erdreich versenkte Elektroden in Form von Platten genügender Größe oder in das Erdreich eingetriebene Eisenrohre.

II. Anwendung der Erdung.

Die Schutzerdung kommt in Betracht in:

1. Elektrizitätswerken, Unterstationen, Transformatorenanlagen, Schalthäusern und dergl.,
2. Leitungen im Freien,
3. Verbrauchsanlagen.

1. Schutzerdung in Elektrizitätswerken, Unterstationen, Transformatorenanlagen, Schalthäusern und dergl.

Zu erden sind alle Metallteile, die den betriebsmäßig spannungführenden Teilen am nächsten liegen oder mit ihnen in Berührung kommen können; also die nicht stromführenden Metallteile von Maschinen, Transformatoren, Apparaten und die Gehäuse von Meßinstrumenten und Zählern, sofern sie nicht isoliert montiert und durch besondere Maßregeln gegen zufällige Berührung geschützt sind; ferner die Niederspannungswicklungen[1]) aller Strom- und Spannungswandler[2]), weiter die Gerüste von Schaltanlagen[3]) sowie zugängliche Kabelarmaturteile, Flanschen von Durchführungen, Isolatorenträger usw., alle Betätigungsteile, Handräder, Hebel, Kurbeln von Schaltern[4]), Anlassern), Regulatoren[5]) usw.

Durchführungen ohne geerdete Metallflanschen und Einführungsfenster, ebenso Isolatoren ohne Metallstützen

---

usw., eiserne Beläge der Fußböden u. dgl. mehr, in der Nähe der elektrischen Einrichtungen erreichbar sind. Beim gleichzeitigen Berühren der fehlerhaften nicht geerdeten elektrischen Apparate und der vorgenannten geerdeten Metallteile sind unter Umständen, namentlich bei Vorhandensein von Feuchtigkeit an Kleidung, Händen und Füßen, die Bedingungen für einen gefahrbringenden Stromübertritt gegeben.

[1]) Die Zahlen beziehen sich auf die Erläuterungen.

müssen von einem geerdeten Rahmen umgeben sein. Es genügt jedoch, wenn für mehrere zusammenliegende Durchführungsisolatoren ein gemeinsamer geerdeter Metallrahmen ausgeführt wird.

Eiseneinlagen der Betonwände von Betonzellen in Schaltanlagen sind untereinander und mit Erde dauernd zu verbinden. Rohrleitungen und Transportgleise innerhalb des Werkes sind nach Möglichkeit an die Erdung anzuschließen.

Die Wagen ausfahrbarer Schaltanlagen sind mit besonderen Erdkontakten zu versehen, welche die Wagen bereits sicher erden, bevor sich die spannungsführenden Kontakte berühren.

2. Schutzerdung für Leitungen im Freien.

Es sind zu erden alle Eisen- und Betonmaste. Ferner bei Holzmasten mit gemeinsamer Erdleitung die Armaturteile der Isolatoren und die Streckenschalter, Kurzschließer usw. bei Spannungen über 1000 Volt durch Anschließen an die Erdleitung.

In die Betätigungsgestänge von Schaltern an Holzmasten sind Isolatoren einzuschalten, wenn eine zuverlässige Erdung des Schalters nicht gewährleistet werden kann. In diesem Falle darf das Gestell selbst nicht geerdet werden, dagegen ist das Betätigungsgestänge unterhalb der Isolatoren zu erden.[6]

3. Schutzerdungen in Verbrauchsanlgaen.

In Verbrauchsanlagen gelten sinngemäß dieselben Vorschriften wie unter II, 1 (vgl. Erläut.[7]).

III. Ausführung der Erdung.

Die Erdleitungen müssen gemäß § 3 der Errichtungsvorschriften für die zu erwartende Erdschlußstromstärke bemessen werden, mit der Maßgabe, daß in elektrischen Betriebsräumen für Haupterdungsleitungen aus Kupfer 50 qmm, für solche aus verzinktem oder verbleitem Eisen 100 qmm und für Anschlußleitungen an diese von weniger als 5 m Länge 16 qmm Kupferquerschnitt als ausreichend erachtet werden[8]).

Hintereinanderschaltung der zu erdenden Teile ist unzulässig; die Einzelerdleitungen sind parallel an eine oder mehrere parallel geschaltete Haupterdleitungen anzuschließen[9]). Der gute Kontakt der Erdleitungsanschlüsse muß dauernd gewährleistet sein[10]). Unterbrechungsstellen in Erdleitungen (z. B. Schalter, Sicherungen usw.) sind unzulässig. Die Erdleitungen sind möglichst sichtbar und geschützt gegen mechanische und chemische Zerstörungen zu verlegen. Ihre Anschlußstellen müssen der Kontrolle zugänglich sein.

Grundsätzlich müssen die Schutzerdungen so angelegt sein, daß durch Berührung des zu erdenden Teiles oder seiner Erdleitungen ein Spannungsgefälle zwischen diesem Teil und einer noch besseren Erdung nicht überbrückt werden kann.

Befindet sich in erreichbarer Nähe der zu erdenden Teile eine sehr gute Erdung, so muß die Erdleitung an diese „natürliche Erdung" angeschlossen werden.

Erdleitungen sollen an Gasleitungen nicht angeschlossen werden. Eisenkonstruktionsteile, andere Rohrleitungen und ähnliches dürfen zur Erdung nur dann allein verwendet werden, wenn sie eine zuverlässige Erdung dauernd gewährleisten; andernfalls sind noch besondere Erdelektroden zu verwenden, deren Zahl und Beschaffenheit sich nach den örtlichen Verhältnissen richten muß, und die mit den übrigen Erdungen zu verbinden sind[11]).

Erdelektroden und deren Zuleitungen dürfen für Hoch- und Niederspannung nur dann unmittelbar miteinander vereinigt werden, wenn die Erde durchaus zuverlässig ist.

Der Zustand der Erdungsanlage ist zeitweilig zu kontrollieren.

Erläuterungen zu den „Leitsätzen für Schutzerdungen".

1. Von der grundsätzlichen Vorschrift der Erdung der Niederspannungswicklungen von Starkstromtransformatoren mußte vor der Hand abgesehen werden wegen der noch schwebenden Arbeiten der Reichspost und des Verbandes Deutscher Elektrotechniker auf diesem Gebiet.

2. Die Erdung der sekundären Wicklung von Strom- und Spannungswandlern wird gefordert, weil beim Durchschlagen der Isolation zwischen Hoch- und Niederspannungswicklung Hochspannung in die Meßstromkreise übertreten kann. Die an Meßwandlern mit geerdeter Niederspannungswicklung angeschlossenen Apparate brauchen nicht besonders geerdet zu werden.

3. Bei der Auswahl der Konstruktionsteile einer Schaltanlage, die durch unmittelbaren Anschluß an die Erdleitung zu erden sind, soll als Regel dienen: Alle die in der nächsten Nähe einer Hochspannung führenden Maschine, Apparat usw. montierten Teile sind direkt zu erden. Also zunächst die Isolatorenträger, ferner die Träger für die Befestigung der Ölschalter, der Strom- und Spannungswandler, wenn diese nicht schon geerdet sind. Sind mehrere Isolatorenträger an eine gemeinsame Eisenschiene angeschlossen, so ist diese Schiene zu erden, denn erst über diese Schiene kann der Erdstrom auf das Mauerwerk, in welchem die Eisen montiert sind, übertreten (vgl. auch 9 der Erläut.).

Wenn die eisernen Gestelle, auf denen Ölschalter und andere Apparate befestigt sind, an und für sich zuverlässig geerdet sind oder geerdet werden können, so sind in erster Linie diese zu erden. Sind mit ihnen dann die Gehäuse der Schalter und sonstigen Apparate gut leitend verbunden, so sind sie ohne weiteres mitgeerdet. Eine besondere Erdung der Apparate selbst wird nur notwendig, sofern die Erdung der Gestelle nicht zuverlässig ist. Der Vorzug der Erdung der Gestelle liegt darin, daß bei etwaigem Fortnehmen und Wiederaufsetzen oder Umsetzen oder Hinzufügen von Apparaten die Erdung dann durch das Aufsetzen schon von selbst mit erledigt ist.

4. Metallische Handgriffe brauchen nicht besonders geerdet zu werden, wenn sich zwischen Hochspannung und Handgriff bereits eine gute Erde befindet.

5. Die zufälliger Berührung zugänglichen Teile der Magnetregulatoren und Anlasser, die normal Niederspannung führen, aber durch Induktion oder Überschlag Hochspannung erhalten können, müssen geerdet werden.

6. Kann eine dauernd gute Erdung bei Mastschaltern und Kurzschließern an Holzmasten nicht gewährleistet werden, so sind in die Betätigungsorgane (Gestänge, Seile) Isolatoren für die Betriebsspannung einzubauen. Die Schalter sowie die Betätigungsorgane bis zu den Isolatoren sind dann nicht zu erden, dagegen sollen die Betätigungsteile unterhalb der Isolatoren eine Erdverbindung erhalten, damit etwaige Kriechströme über den Isolator abgeleitet werden.

7. Die Erdung von Apparaten in Verbrauchsstellen bietet oft Schwierigkeiten, insbesondere, wenn es sich um transportable Apparate handelt. Es scheint deshalb untunlich, für solche Fälle Spezialvorschriften zu geben, weil die anzustrebende Sicherheit durch Isolierung oder isolierende Schutzabdeckungen unter Umständen einfacher und zuverlässiger erreichbar ist.

8. Mit welcher Sicherheit dabei gerechnet ist, zeigen folgende Zahlen für horizontal freigespannte Leitungen:

Querschnitt für Kupfer:		Schmelzstrom nach 15 Min.:
Draht:	4 qmm	220 Amp.
	6 ,,	300 ,,
	10 ,,	430 ,,
	16 ,,	610 ,,
Seil:	25 ,,	890 ,,
	35 ,,	1075 ,,
	50 ,,	1330 ,,

9. In größeren Anlagen sind mehrere parallel geschaltete Haupterdleitungen, welche an mehreren Elektrodengruppen anzuschließen sind, zweckmäßig, um bequem alle Einzelerdleitungen anschließen und den Widerstand möglichst niedrig halten zu können. (Vgl. jedoch auch Text II, 1, zweiter Absatz.)

Hintereinander geschaltete Konstruktionsteile dürfen nicht Teile des Erdleitungen bilden, denn eine solche Erdleitung hätte durch die vielen Verbindungsstellen zu großen Widerstand und wäre ferner nicht betriebssicher, weil die dahinter liegenden Teile durch Demontage eines Teiles nicht mehr geerdet sein würden.

10. Die Verbindung der einzelnen Erdleitungen mit der Haupterdungsleitung erfolgt am sichersten durch Verlötung, Verschweißung oder Vernietung. Auch Verschraubungen sind zulässig, wenn sie gegen Lösen durch Erschütterungen geschützt sind.

11. Stehen Metallmassen von größerer Ausdehnung, z. B. Eisenbahnschienen, Drahtseile und ähnliches, nicht zur Verfügung, so empfiehlt es sich, zur Erdung in die Erde eingetriebene, einbis zweizöllige Gasrohre von 2 bis 3 m Länge zu verwenden. Können sie bis zum Grundwasser eingetrieben werden, so sind weitere Maßnahmen nicht nötig. Andernfalls empfiehlt es sich, das die Rohre umliegende Erdreich dadurch leitend zu machen, daß man um das Rohr direkt unter der Erdoberfläche Salz einbettet. Man soll aber mindestens zwei bis drei Rohre verwenden, die einzeln an die Haupterdleitung anzuschließen sind. (Vgl. auch Erläut. 10 zu § 3 der Err.-Vorschr.)

Gasleitungen können wegen ihrer im allgemeinen schlecht leitenden Rohrverbindungen keineswegs als schutzbietende Erdleitung angesehen werden.

4. Leitsätze für die Ausführung von Schlagwetter-Schutzvorrichtungen an elektrischen Maschinen, Transformatoren und Apparaten.

Angenommen auf der Jahresversammlung 1912. Veröffentlicht: ETZ 1912, S. 142. Gültig ab 1. Juli 1912.

Grundlegend für die Beurteilung der Schlagwettersicherheit von elektrischen Maschinen, Transformatoren und Apparaten sowie besonderer Schutzvorrichtungen für dieselben sind die Ergebnisse von Versuchen, welche s. Zt. auf der berggewerkschaftlichen Versuchsstrecke in Gelsenkirchen-Bismarck ausgeführt worden sind.

Die Ergebnisse sind niedergelegt in den Veröffentlichungen:

„Versuche zwecks Erprobung von Schlagwettersicherheit besonders geschützter elektrischer Motoren und Apparate" von Bergassessor Beyling im „Glückauf" 1906, Nr. 1 bis 13, sowie „Die Erprobung und Ermittlung von Schutzvorrichtungen an elektrischen Maschinen und Apparaten gegen die Zündung von Schlagwettern" von Dipl.-Ing. Götze in der „ETZ" 1906, S. 4 ff., und „Versuche mit Schlagwetter und dem Schlagwetterschutz elektrischer Antriebe" von Hofmann in der „Zeitschrift des Vereins Deutscher Ingenieure" vom 24. III. 1906 (Nr. 12, S. 433).

Hiernach haben sich für die Konstruktion schlagwettersicherer Maschinen, Transformatoren und Apparate die nachfolgend genannten Schutzvorrichtungen am meisten bewährt und sind bei ihrer Anwendung die weiterhin erörterten Gesichtspunkte zur Berücksichtigung zu empfehlen. Wegen der weiteren Einzelheiten der Bauarten und ihrer Anwendung muß auf obige Veröffentlichungen verwiesen werden.

A. Die verschiedenen Arten der Schutzvorrichtungen.

I. Geschlossene Kapselung. Sie besteht in einem allseitig geschlossenen Hohlkörper zur Aufnahme der Maschinen, Transformatoren oder Apparate. Bei der geschlossenen Kapselung sind folgende Bedingungen zu erfüllen:

a) Alle Teile der Kapselung sind so herzustellen, daß sie einem inneren Überdruck von 8 at sicher widerstehen können. Unterteilungen des gekapselten Raumes, die durch enge Öffnungen verbunden sind, daher zu höherem Überdruck Anlaß geben könnten, sind zu vermeiden.

b) Die Stoßstellen zusammengepaßter Kapsel- und Gehäuseteile sowie die Auflageflächen von Deckeln, Türen und Klappen sind als breite, glattbearbeitete Flanschen auszubilden. Dichtungen sind an solchen Stellen tunlichst zu vermeiden. Falls Dichtungen angewendet werden, muß dafür gesorgt werden, daß sie durch den Explosionsdruck nicht herausgedrückt werden können. Dichtungen aus wenig haltbarem Stoff, wie Gummi, Asbest oder ähnlichem sind unzulässig.

c) Die Schutzmaßnahmen sind auf alle Wege zu erstrecken, welche die Gase bei einer Explosion vom Innern der Kapselung nach außen nehmen können. Wellen und Betätigungsachsen sind an den Durchführungen durch die Kapselung in entsprechend lange Metallbüchsen zu verlegen, die ihrerseits mit dem Schutzgehäuse fest verbunden sind. Die Leitungseinführungen sind so abzudichten, daß sie dem Explosionsdruck standhalten.

II. **Plattenschutzkapselung.** Bei dieser Kapselung werden an den Gehäuseöffnungen von Maschinen, Transformatoren und Apparaten Pakete von Metallplatten angebracht, welche durch Zwischenlagen in bestimmtem Abstand gehalten werden.

Für die Ausführung ist folgendes zu berücksichtigen:

a) Man verwende Metallplatten, die eine Flanschenbreite von mindestens 50 mm und eine Stärke von mindestens 0,5 mm haben und ordne sie durch Einlegen geeigneter Zwischenstücke so an, daß ihr Abstand (Schlitzweite) höchstens 0,5 mm beträgt und auch nicht infolge Durchbiegung der Platten überschritten werden kann. Als Material verwende man Bronze, Messing, verzinntes oder verzinktes Eisen.

b) Die Plattenpackungen sind gegen äußere Beschädigung zu schützen. Es wird empfohlen, sie abnehmbar anzubringen, so daß eine bequeme Überwachung und ein leichtes Auswechseln der Platten möglich wird.

c) Die Bedingungen unter Ib) und c) sind zu erfüllen. Falls nicht eine genügend große Anzahl von Schlitzen vorhanden ist, die das Entstehen eines größeren Überdruckes sicher verhindern, sind auch die Bedingungen unter Ia) zu beachten. Alle Undichtigkeiten sind zu vermeiden.

III. **Drahtgewebekapselung.** Die Drahtgewebekapselung besteht darin, daß alle Gehäuseöffnungen der damit auszurüstenden Maschinen, Transformatoren und Apparate durch Drahtgewebe geschlossen werden, oder daß für die Maschinen, Transformatoren und Apparate Gehäuse hergestellt werden, welche mit derartigen durch Drahtgewebe geschlossenen Öffnungen versehen sind.

Die Bedingungen, welchen diese Kapselung entsprechen muß, sind folgende:
  a) Als Gewebe ist Sicherheitslampen-Drahtgewebe von 144 Maschen auf 1 qcm und 0,35 mm Drahtstärke zu verwenden. Das Drahtgewebe soll aus Bronze oder verzinktem Eisen bestehen, gleichmäßig gearbeitet und frei von Fehlern sein.
  b) An jeder Öffnung ist das Drahtgewebe in mindestens zwei Lagen hintereinander in einem gegenseitigen Abstand von 5 bis 20 mm anzuordnen. Die gesamte schützende Gewebefläche soll mindestens 150 qcm für das Liter Wetterinhalt des gekapselten Raumes betragen.
  c) Größere Netzflächen sind zur Wahrung des Abstandes mit Verstärkungsrippen zu versehen. Die Befestigung der Gewebe darf nicht durch Lötung erfolgen, die Gewebe sind vielmehr durch Verschraubung in Rahmen einzuklemmen, wobei streng darauf zu achten ist, daß an den Befestigungsstellen keine Undichtigkeiten entstehen. Gegen äußere Beschädigung ist das Drahtgewebe durch gelochtes Blech oder ähnliche Hilfsmittel zu schützen. Es wird empfohlen, die Drahtgewebe als abnehmbare Deckel anzuordnen, die eine leichte Überwachung und ein bequemes Auswechseln des Gewebes gestatten.
  d) Die Bedingungen unter Ib) und c) sind zu erfüllen. Alle Undichtigkeiten sind zu vermeiden.
  e) Die Netzflächen sind so an der Kapselung anzuordnen, daß etwaige Nachbrennflammen nicht an dem Gewebe entlang streichen und daß brennbare Körper nicht darauf fallen können. Um das Nachbrennen abzuschwächen, sind mehrere kleine Netzflächen (nicht wenige große) zu verwenden.

IV. Ölkapselung. Diese Kapselung besteht darin, daß der ganze Apparat, soweit an ihm Funkenbildung oder gefährliche Erhitzung durch elektrischen Strom möglich ist, in einen Behälter eingebaut wird, welcher mit harz- und säurefreiem Mineralöl gefüllt wird.

Der Ölstand ist so reichlich zu bemessen, daß das Auftreten von Funken über den Ölspiegel hinaus ausgeschlossen ist. Die hierfür erforderliche Höhe des Ölstandes ist durch eine Marke festzulegen. Die Ölstandshöhe muß erkennbar sein, ohne daß die Kapselung geöffnet zu werden braucht.

B. Anwendung der einzelnen Schutzvorrichtungen.

I. Bei Maschinen, Transformatoren und Apparaten können zwei Bauarten angewendet werden:
  a) Die ganze Maschine, der ganze Transformator oder der ganze Apparat ist schlagwettersicher gemäß Abschnitt A zu schützen.

b) Nur diejenigen Teile von Maschinen, Transformatoren und Apparaten, an welchen betriebsmäßig Funken auftreten, sind schlagwettersicher gemäß Abschnitt A zu schützen. Die Teile dagegen, an denen nur in außergewöhnlichen Fällen Funken auftreten können, erhalten eine erhöhte Sicherheit gegenüber normaler Ausführung, und zwar:

1. durch einen besonderen mechanischen Schutz,
2. durch eine Erhöhung der für die Prüfung vorgeschriebenen Isolierfestigkeit um 50%,
3. durch die Herabsetzung der zulässigen Erwärmung um 25%.

II. Für Apparate gilt noch folgendes:

Flüssigkeitsanlasser ohne besondere Schutzvorkehrungen sind unzulässig.

Bei Widerständen kann von allen Schutzvorrichtungen abgesehen werden, wenn gleichzeitig:

a) die elektrische Beanspruchung des Materials so gering ist, daß eine gefährliche Erwärmung ausgeschlossen ist;
b) das Widerstandsmaterial so fest ist, daß im gewöhnlichen Betrieb ein Bruch nicht eintreten kann und es so sicher befestigt ist, daß gegenseitiges Berühren ausgeschlossen ist;
c) durch geeignete Abdeckung das Hineinfallen von Fremdkörpern und Eindringen von Tropfwasser verhindert wird;
d) alle Drahtverbindungen verlötet oder gesichert verschraubt sind.

Alle Schraubkontakte, welche nicht durch Kapselungen geschützt werden können, sind so zu sichern, daß eine Lockerung der Verschraubung und damit ein schlechter Kontakt nicht eintreten kann (z. B. Anschlußklemmen von Motoren, Widerständen u. a.).

Steckkontakte müssen so gebaut sein, daß die Stekker fest in den Dosen sitzen, daß also im Ruhezustand keine Funken auftreten; sie müssen ferner mit schlagwettersicheren Schaltern derart verriegelt sein, daß das Einsetzen und Herausnehmen des Steckers nur in spannungslosem Zustande erfolgen kann.

C. Andere Bauarten.

Andere als die unter A und B genannten Bauarten von Maschinen, Transformatoren und Apparaten sind zulässig, sofern sie sich bei einer besonderen Prüfung durch eine anerkannte Schlagwetter-Versuchsstelle als schlagwettersicher erwiesen haben.

5. Leitsätze für den Anschluß von Schwachstromanlagen an Niederspannungs-Starkstromnetze durch Transformatoren oder Kondensatoren (mit Ausschluß der öffentlichen Telegraphen- und Fernsprechanlagen).

Angenommen auf der Jahresversammlung 1912. Veröffentlicht: ETZ 1912, S. 94 u. 697. Gültig ab 1. Juli 1912.

Allgemeines.

1. Zwischen den Starkstrom- und den Schwachstromleitungen darf eine leitende Verbindung nicht bestehen.
2. An den Transformatoren und Kondensatoren müssen die Anschlüsse für die Starkstrom- wie für die Schwachstromseite elektrisch und räumlich zuverlässig voneinander getrennt und leicht zu unterscheiden sein.
3. Die Starkstromklemmen müssen der Berührung entzogen sein.
4. Die Bestimmungen des § 10 der Vorschriften für die Errichtung elektrischer Starkstromanlagen nebst Ausführungsregeln des Verbandes Deutscher Elektrotechniker finden Anwendung.
5. Die Starkstrom- und die Schwachstromleitungen müssen in den Installationen unterscheidbar und in einem angemessenen Abstand voneinander verlegt sein.

Transformatoren.

6. Kleintransformatoren, die zum Betrieb von Schwachstromanlagen dienen, müssen als solche gekennzeichnet werden.
7. Kleintransformatoren, die zum Anschluß von Schwachstromleitungen bestimmt sind, müssen entweder derart gebaut oder mit solchen Schutzvorrichtungen versehen sein, daß bei dauerndem Kurzschluß der Sekundärklemmen die von außen zugänglichen Teile der Apparate eine Temperaturerhöhung von nicht mehr als 100^0 C erfahren.
8. Die Primär- und Sekundärwicklungen müssen auf getrennten Spulenkörpern befestigt sein.
9. Die sekundäre Spannung darf bei offenem Transformator 30 Volt nicht überschreiten.
10. Für die Isolationsprüfung gelten die Bestimmungen der Normalien für Bewertung und Prüfung von elektrischen Maschinen und Transformatoren.

6. Normalien über die Abstufung von Stromstärken bei Apparaten.[1])

Angenommen auf der Jahresversammlung 1910. Veröffentlicht: ETZ 1910, S. 323. Gültig ab 1. Januar 1912.

2, 4, 6, 10, 25, 60, 100, 200, 350, 600, 1000, 1500, 2000, 3000, 4000, 6000 Amp.

---

[1]) Erläuterungen hierzu siehe ETZ 1910, Heft 14, S. 354.

7. Normalien über Anschlußbolzen und ebene Schraubkontakte für Stromstärken von 10 bis 1500 Amp.[1]

Angenommen auf der Jahresversammlung 1910. Veröffentlicht: ETZ 1910, S. 326. Gültig ab 1. Januar 1912.

Die Kontaktfläche der Anschlußstelle ist gleich Ringfläche der Unterlegscheibe.

Stromstärke	Mindestmaße			
	Schraubendurchmesser für den Klemmkontakt		Durchmesser für den Anschlußbolzen	
Amp	mm	Zoll engl.	Messing	Kupfer
10	3	$1/8$	3	3
25	4,5	$3/16$	4,5	4,5
60	6	$1/4$	6	6
100	7	$5/16$	8	7
200	9	$3/8$	12	10
350	12	$1/2$	20	14
600	16	$5/8$	—	20
1000	20	$3/4$	—	30
1500	26	1	—	40

Wenn an Stelle eines einzigen Anschlußbolzens oder Schraubkontaktes deren mehrere verwendet werden, so muß die Summe ihrer Nennstromstärken mindestens gleich der Nennstromstärke des entsprechenden Einzelkontaktes sein.

[1]) Erläuterungen hierzu siehe ETZ 1910, Heft 14, S. 354.

Sachregister.

Abbau 133.
Abdeckungen, betriebsmäßige 29, 36.
Abgleichswiderstände für Maschinen 64.
Abstufung von Stromstärken bei Apparaten 145.
Allgemeines (Masch.-Norm.)17.
— (Anschlußbedingungen) 89.
— (Klemmenbezeichnungen) 101.
Alterung von Eisen 47.
Amperemeter mit verschiebbarem Zeiger 96.
Anhang zu den Masch.-Norm. 83.
— (Err.-Vorschriften u. and.) 125.
Anker 13.
Ankerrückwirkung 71.
Anlasser und Widerstände 129.
Anlaßspannung 20.
— von Asynchronmotoren 84.
Anlaufstrom von Motoren 91, 94.
Anmeldung von Motoren 91.
Anschlußbedingungen 86.
— Allgemeines 89.
Anschlußbolzen und Schraubkontakte 146.
Anschluß von Schwachstromanlagen an Starkstromnetze 145.
Anzugskraft, von Motoren, hohe und geringe 94.
Anzugsmoment von Motoren 27.
Apparate (Errichtungs-Vorschriften) 128.
Asbest, zulässige Erwärmung von 32.
Auslaufperiode 41.

Bedienung von Anlagen 135.
Begriffserklärungen 12.
Belastbarkeit, Begriff 12.

Belastungstabelle für Leitungen 130.
Berührungsschutz 126.
Betrieb, kurzzeitiger 26.
Betriebsarten 25.
Betriebsräume 126, 131.
Betriebsstätten 126.
Betriebsvorschriften 134.
Blechstärken, normale 121.
Bremsung, mechanische 69.
Bürsten, Aufschleifen der 75.
Bürstenverstellung 28.
— „betriebsmäßige" 29.

Compoundwicklung, Abgleichen von 64.
— Temperaturmessung 43.

Dämpferwicklungen 51, 60.
Dauerproben 34.
Direkte elektrische Methode 68.
Direkte mechanische Methode 69.
Drahtgewebekapselung 142.
Drehstrom, Begriff 11.
— Spannungsbezeichnung bei 14.
— Klemmenbezeichnung bei 115—118.
Drehstrom-Kommutator-Motoren 29.
Drehtransformator 14.
Drehzahlen, normale 83.
Drosselspulen 14.
Durchschlagsprobe 56.
Dynamoblech 121.

Einleitung 8.
Eisenblech, Normalien f. d. Prüfung von 121.
Eisentemperatur, zulässige 33.
Elektrizität auf Schiffen 123.
Emaille 47.
— zulässige Erwärmung 32.
Entladungen, dunkle 56.
Epstein-Apparat 122.

Erdleitungen, Querschnitt von 127.
Erdung 127, 136.
Errichtungsvorschriften 125.
Erwärmung von Maschinen 29.
— — — zulässige 32.
Explosionsgefährliche Räume 133.

Feldmagnete, Temperaturmessung 38.
Feldregler, Verlust im 61, 63.
Festigkeit, mechanische 51, 62.
Feuchtschutzisolierung 58.
Feuergefährliche Räume 132.
Feuersichere Gegenstände 125.
Freileitungen 125.
Fremderregte Feldmagnete 55, 59.
Frequenz, Begriff 15.
— normale Werte für 83.
Füllmaße 47.
Funkenfreier Lauf 28.

Generator, Begriff 11.
Gleichstrom, Klemmenbezeichnung für 106.
Glimmer, zulässige Erwärmung 32.
Grubenräume 126.

Hilfsmotormethode 75.
Höchste Temperatur in einer Maschine 39.

Imprägnierte Baumwolle 46.
Indikatormethode 76.
Indirekte elektrische Methode 69.
— mechanische Methode 70.
Isolationswiderstand 55.
Isolierfestigkeit, Prüfung auf 53, 55.

Kapselung, geschlossene 141.
Kilowatt 15.
Kleintransformatoren 145.
Klemmenbezeichnungen, Normalien für 99.
— Tabelle der normalen 103.
Klingeltransformatoren 57, 145.
Kollektor, Behandlung des 28.
Kommutatoren, zulässige Erwärmung von 33.
Kommutierung 27.
Kondensatwägungsmethode 77.
Kühlung, Leistungsverbrauch für künstliche 64.
Künstliche Kühlung 36, 45.
Kurvenform, Einfluß der — auf den Wirkungsgrad von Motoren und Transformatoren 63.

Kurzschlußanker 51, 60.
Kurzschlußwicklungen 51, 60.
Kurzschluß- und Leerlaufmethode für Transformatoren 68.
Kurzschlußspannung 82.
Kurzzeitiger Betrieb 26.

Lademaschinen 28, 35.
Lager, Erwärmung der 48.
Lagerräume 126.
Lagerreibung 73.
Läufer 14.
Leerlaufs- und Kurzschlußmethode für Transformatoren 68.
Leerlaufsmethode (für Maschinen) 70.
Leistungsbezeichnung 15.
Leistungsfaktor (Angaben auf dem Schild) 22.
Leistungsfaktor von Drehstrommaschinen 63.
— von Motoren 87, 89, 95, 97.
Leitsätze für die Ausführung von Schlagwetterschutzvorrichtungen 141.
— für Schutzerdungen 136.
Leitungen, Bemessung 129.
Luftdruck, Einfluß auf Erwärmung 36.

Magnete, Begriff 13.
Magnetspulen mit Fremderregung 59.
Maschinen, Err.-Vorschr. § 6 128.
Maschinen-Normalien, verschiedene Fassungen der 9.
Meßtransformatoren 18.
Messungen an Motoren, Ausführung der 96.
Methoden zur Bestimmung des Wirkungsgrades 65.
Motor, Begriff 13.
Motoren, Anschlußbedingungen für 86.
— Klemmenbezeichnung für 99.
— Leistung von 16.
Motorgenerator, Begriff 13.

Niederspannungsanlagen 125.
— (Begriff) 21.
Normalien über Anschlußbolzen und ebene Schraubkontakte 146.
— über die Abstufung von Stromstärken bei Apparaten 145.

Sachregister.

Ölkapselung 143.
Öltransformatoren, Temperaturmessung 44.

Papierisolierung, zulässige Erwärmung 32.
Parallelschaltung von Transformatoren 23.
Periode 15.
Phasenspannung 14.
Plattenschutzkapselung 142.
Potentialregler 14.
Primäranker 14.
Prüfdauer 60.
Prüfspannungen 57.

Reibungsverluste 78.
Reparierte Maschinen 58.
Richtlinien für Hochspannungsapparate 18.
Riemendynamometer 70.
Riemenverlust 76.
Rotor 14.

Schaltgruppen für Transformatoren 23.
Schaltungsschemata 101, 110, 112, 115, 119.
Schiffe, Elektrizität auf 123.
Schild (von Maschinen) 20.
Schlagwettergefährl. Grubenräume 126, 133.
Schlagwetterschutzvorrichtungen, Leitsätze für 141.
Schleifringe, zulässige Erwärmung 33.
Schutzerdungen, Erläuterungen zu den Leitsätzen für 138.
— Leitsätze für 136.
Schwachstromanlagen, Leitsätze für Anschluß von — an Starkstromnetze 145.
Sekundäranker 14.
Spannungen, normale 83.
Spannungsabfall 80.
Spannungsänderung 79, 81.
Spannungsfreier Zustand, Herstellung und Sicherung des 135.
Spannungsprüfung 56.
Spannungswandler 18.
Spartransformatoren 25.
Spezialausführungen 17.
Spezialmotoren 98.
Stationärer Zustand 33.
Stator 14.
Ständer 14.
Sternspannung 14.

Straßenbahnmotoren 36.
Synchronmotoren, Belastbarkeit von 17.

Temperatur der Umgebung 37, 42, 45.
Temperaturkoeffizienten 42.
Temperaturzunahme 29.
Thermometermessung 37.
Torsionsdynamometer 70.
Transformator, Begriff 14.
Transformatoren, Err.-Vorschr. § 7 128.
— mit künstlicher Kühlung 44.
— Parallelschaltung 23.
— Temperatur der 44.
Trennungsmethode (für Reibungsverluste) 78.
Trocknen von Maschinen 57.

Übergangswiderstand an den Bürsten 74.
Überlastung 51.
Überlastungsprobe 52.
Übersetzung (an Transformatoren) 14.
Überspannungsprobe 60.
Umformer 13.
Umgebung, Temperatur der 37, 45.
Umrechnungszahlen für kW, PS, usw., 16.
Unterspannungsetzen 136.

Voltampere 15.
Verlust durch Riemenübertragung 76.
Verluste, zusätzliche 71.

Wechselstrom, Begriff 11, 15.
— Klemmenbezeichnung bei 107, 115.
Wendepole, Temperaturmessung 43.
Wicklungen, zulässige Erwärmung von 32.
Widerstandszunahme, Messung 38.
Wirbelstrombremse 69.
Wirbelstromverluste 68.
Wirkungsgrad 60.
Wirkungsgrad, Methoden zur Bestimmung des 61, 65.
Wirkungsgrad von Aggregaten 64.

Zugbeleuchtungsmaschinen 53.
Zusätzliche Verluste 71.
Zusatzmaschinen 35.

Verlag von Julius Springer in Berlin.

Elektrische Starkstromanlagen.
Maschinen, Apparate, Schaltungen, Betrieb.
Kurzgefaßtes Hilfsbuch
für Ingenieure und Techniker, sowie zum Gebrauch
an technischen Lehranstalten.

Von

Oberlehrer Dipl.-Ing. **Emil Kosack,**
Magdeburg.

Zweite, erweiterte Auflage.

Mit 290 Textfiguren. 1914.

In Leinwand gebunden Preis M. 6,—.

Die erste starke Auflage der „Elektrischen Starkstromanlagen" ist bereits nach anderthalb Jahren vergriffen gewesen, wohl ein Beweis, daß das Buch allgemein gute Aufnahme gefunden hat. Daß es einem Bedürfnis entsprach, beweist auch seine Einführung an einer Reihe technischer Lehranstalten als Lehrbuch der Elektrotechnik.

Die „Kosack'schen Starkstromanlagen", die alles Wissenswerte in knapper, übersichtlicher, dabei aber leichtverständlicher Form auf wissenschaftlicher Grundlage behandeln, sind sowohl für die Praxis wie für den Unterricht ein unentbehrliches Hand- und Hilfsbuch geworden.

Für die in der Praxis stehenden Elektrotechniker, Maschineningenieure, Besitzer elektrischer Anlagen, Monteure usw. hat sich das Buch als ein zuverlässiger Ratgeber, für die Besucher technischer Lehranstalten als eine gute Stütze im Unterricht erwiesen.

Bei der vorliegenden zweiten Auflage ist die Einteilung des Stoffes im wesentlichen unverändert geblieben, doch hat der Inhalt des Buches mannigfache Erweiterungen erfahren. Um die Übersichtlichkeit zu erhöhen, ist die Unterteilung des Textes noch weiter wie bisher durchgeführt worden. Trotz der den Fortschritten der Neuzeit entsprechenden Verbesserungen und der erheblichen Vermehrung des Textes als auch der Figuren ist der Preis gegenüber der ersten Auflage ermäßigt worden, um die Anschaffung des Buches noch weiter zu erleichtern.

Bei den Bezeichnungen sind neben den Beschlüssen und Vorschlägen des Ausschusses für Einheiten und Formelzeichen auch die Festsetzungen der Internationalen Elektrotechnischen Kommission berücksichtigt worden. Einige grundlegende Zeichen sind, um dem heutigen Stand der Angelegenheit Rechnung zu tragen, gegenüber der ersten Auflage geändert worden. Die Einheit „Pferdestärke" ist bei Leistungsangaben, dem Beschlusse des Verbandes Deutscher Elektrotechniker entsprechend, durch das „Kilowatt" ersetzt worden. Doch wurde vielfach die Zahl der Pferdestärken in Klammern hinzugefügt. Die Normalien des Verbandes haben wiederum volle Berücksichtigung gefunden.

Zu beziehen durch jede Buchhandlung.

Verlag von Julius Springer in Berlin.

Anlasser und Regler für elektrische Motoren und Generatoren.
Theorie, Konstruktion, Schaltung. Von Ingenieur **Rudolf Krause**. Zweite, verbesserte und vermehrte Auflage. Mit 133 Textfiguren.

In Leinwand gebunden Preis M. 5,—.

Messungen an elektrischen Maschinen.
Apparate, Instrumente, Methoden, Schaltungen. Von Ingenieur **Rudolf Krause**. Zweite, verbesserte und vermehrte Auflage. Mit 178 Textfiguren.

In Leinwand gebunden Preis M. 5,—.

Bedienung und Schaltungen von Dynamos und Motoren,
sowie für kleine Anlagen ohne und mit Akkumulatoren. Von Ingenieur **Rudolf Krause**. Mit 150 Textfiguren. In Leinwand gebunden Preis M. 3,60.

Alles elektrisch!
Ein Wegweiser für Haus und Gewerbe. Preisgekrönte Bearbeitung von **H. Zipp**, Ingenieur in Cöthen. 81. bis 100. Tausend. Preis M. —,25.

Bei Bezug von 50 Expl. an ermäßigt sich der Stückpreis auf 20 Pf., bei 100 auf 16 Pf., bei 500 auf 14 Pf. und bei 1000 Expl. auf 12 Pf.

Der elektrische Landwirt.
Ein Merkbüchlein in Frage und Antwort. Von Dipl.-Ing. **A. Vietze**, Oberingenieur in Halle a. S. 31. bis 40. Tausend. Preis M. —,40.

Bei Bezug von 50 Expl. ermäßigt sich der Stückpreis auf 36 Pf., bei 100 auf 34 Pf., bei 500 auf 32 Pf., und bei 1000 Expl. auf 30 Pf.

Herstellung und Instandhaltung elektrischer Licht- und Kraftanlagen.
Ein Leitfaden auch für Nicht-Techniker unter Mitwirkung von Gottlob Lux und Dr. C. Michalke verfaßt und herausgegeben von **S. Frhr. v. Gaisberg**. Sechste, umgearbeitete und erweiterte Auflage. Mit 55 Textfiguren.

In Leinwand gebunden Preis M. 2,40.

Elektrizität im Hause.
In ihrer Anwendung und Wirtschaftlichkeit dargestellt von **Georg Dettmar**, Generalsekretär des Verbandes Deutscher Elektrotechniker. Mit 213 Textfiguren. In Leinwand gebunden Preis M. 4,—.

Elektrotechnische Winke für Architekten und Hausbesitzer.
Von Dr.-Ing. **L. Bloch** und **R. Zaudy**. Mit 99 in den Text gedruckten Figuren.

In Leinwand gebunden Preis M. 2,80.

Zu beziehen durch jede Buchhandlung.

Verlag von Julius Springer in Berlin.

Die Gleichstrommaschine. Ihre Theorie, Untersuchung, Konstruktion, Berechnung und Arbeitsweise. Von Dr.-Ing. **E. Arnold,** Geh. Hofrat, Professor und Direktor des Elektrotechnischen Instituts der Großherzoglichen Technischen Hochschule Fridericiana zu Karlsruhe. *Zweite,* vollständig umgearbeitete Auflage. In zwei Bänden.

Erster Band: **Theorie und Untersuchung.** Mit 593 Textfiguren. In Leinwand gebunden Preis M. 20,—.

Zweiter Band: **Konstruktion, Berechnung und Arbeitsweise.** Mit 502 Textfiguren und 13 Tafeln.
In Leinwand gebunden Preis M. 20,—.

Die Wechselstromtechnik. Herausgegeben von Dr.-Ing. **E. Arnold,** Geh. Hofrat, Professor und Direktor des Elektrotechnischen Instituts der Großherzoglichen Technischen Hochschule Fridericiana zu Karlsruhe. In fünf Bänden.

Erster Band: **Theorie der Wechselströme.** Von J. L. la Cour, Technischer Chef der Allmänna Svenska El. A. B. Vesterås und O. S. Bragstad, ordentl. Professor der Technischen Hochschule Trondhjem. *Zweite,* vollständig umgearbeitete Auflage. Mit 591 in den Text gedruckten Figuren. In Leinwand gebunden Preis M. 24,—.

Zweiter Band: **Die Transformatoren.** Ihre Theorie, Konstruktion, Berechnung und Arbeitsweise. Von E. Arnold und J. L. la Cour. *Zweite,* vollständig umgearbeitete Auflage. Mit 443 Textfiguren und 6 Tafeln.
In Leinwand gebunden Preis M. 16,—.

Dritter Band: **Die Wicklungen der Wechselstrommaschinen.** Von E. Arnold. *Zweite,* verbesserte und vermehrte Auflage. Mit 463 Textfiguren.
In Leinwand gebunden Preis M. 13,—.

Vierter Band: **Die synchronen Wechselstrommaschinen.** Von E. Arnold und J. L. la Cour. *Zweite,* vollständig umgearbeitete Auflage. Mit 530 Textfiguren und 18 Tafeln. In Leinwand gebunden Preis M. 22,—.

Fünfter Band: **Die asynchronen Wechselstrommaschinen.**

1. Teil: Die Induktionsmaschinen. Von E. Arnold, J. L. la Cour und A. Fraenckel. Mit 307 Textfiguren und 10 Tafeln. In Leinwand gebunden Preis M. 18,—.

2. Teil: Die Wechselstromkommutatormaschinen. Ihre Theorie, Berechnung, Konstruktion und Arbeitsweise. Von E. Arnold, J. L. la Cour und A. Fraenckel. Mit 400 Textfiguren, 8 Tafeln und dem Bildnis E. Arnolds. In Leinwand gebunden Preis M. 20,—.

Arbeiten aus dem Elektrotechnischen Institut der Großherzoglichen Technischen Hochschule Fridericiana zu Karlsruhe. Herausgegeben von Dr.-Ing. **E. Arnold,** Direktor des Instituts.

I. Band: **1908—1909.** Mit 260 Textfig. M. 10,—.

II. Band: **1910—1911.** Mit 284 Textfig. M. 10,—.

Zu beziehen durch jede Buchhandlung.

Verlag von Julius Springer in Berlin.

Aufgaben und Lösungen aus der Gleich- und Wechselstromtechnik. Ein Übungsbuch für den Unterricht an technischen Hoch- und Fachschulen sowie zum Selbststudium. Von Prof. **H. Vieweger** (Mittweida). *Dritte*, verbesserte Auflage. Mit 174 Textfiguren und 2 Tafeln. In Leinwand gebunden Preis M. 7,—.

Untersuchung eines Zugmagneten für Gleichstrom. Von Dr.-Ing. **Karl Euler**, Dozent an der Kgl. Techn. Hochschule zu Breslau. Mit 74 Textfiguren. Preis M. 3,—.

Das Pendeln bei Gleichstrommotoren mit Wendepolen. Von Dr. **Karl Humburg**, Diplomingenieur. Mit 50 Textfiguren. Preis M. 2.80.

Die Einphasenmotoren nach den deutschen Patentschriften. Mit Sachverzeichnissen der Deutschen Reichs-Patente über Einphasen- und Mehrphasen-Kommutator-Motoren. Von Dr.-Ing. **Erich Dyhr**. Mit 112 Textfiguren. Preis M. 6,—.

Wechselstromtechnik. Von Dr. **G. Roeßler**, Professor an der Königl. Technischen Hochschule in Danzig. *Zweite* Auflage von „Elektromotoren für Wechselstrom und Drehstrom". I. Teil. Mit 185 Textfiguren. In Leinwand gebunden Preis M. 9,—.

Motoren für Gleich- und Drehstrom. Von **H. M. Hobart**, B. Sc., M. I. E. E., Mem. A. I. E. E. Deutsche Bearbeitung. Übersetzt von **Franklin Punga**. Mit 425 Textfiguren. In Leinwand gebunden Preis M. 10,—.

Die Bahnmotoren für Gleichstrom. Ihre Wirkungsweise, Bauart und Behandlung. Ein Handbuch für Bahntechniker von **M. Müller**, Oberingenieur der Westinghouse-Elektrizitäts-Aktiengesellschaft, und **W. Mattersdorff**, Abteilungsvorstand der Allgemeinen Elektrizitäts-Gesellschaft. Mit 231 Textfiguren und 11 lithogr. Tafeln sowie einer Übersicht der ausgeführten Typen. In Leinwand gebunden Preis M. 15,—.

Dynamomaschinen für Gleich- und Wechselstrom. Von **Gisbert Kapp**. *Vierte*, vermehrte und verbesserte Auflage. Mit 255 Textfiguren. In Leinwand gebunden Preis M. 12,—.

Transformatoren für Wechselstrom und Drehstrom. Eine Darstellung ihrer Theorie, Konstruktion und Anwendung. Von **Gisbert Kapp**. *Dritte*, vermehrte und verbesserte Auflage. Mit 185 Textfiguren. In Leinwand gebunden Preis M. 8,—.

Theorie der Wechselströme. Von Dr.-Ing. **Alfred Fraenckel**. Mit 198 Textfiguren. Geb. M. 10,—.

Konstruktionen und Schaltungen aus dem Gebiete der elektrischen Bahnen. Gesammelt und bearbeitet von **O. S. Bragstad**, a. o. Professor an der Großherzogl. Technischen Hochschule Fridericiana in Karlsruhe. 31 Tafeln mit erläuterndem Text. In einer Mappe Preis M. 6,—.

Die Isolierung elektrischer Maschinen. Von **H. W. Turner**, Associate A. I. E. E., und **H. M. Hobart**, M. I. E. E., Mem. A. I. E. E. Deutsche Bearbeitung von **A. von Königslöw** und **R. Krause**, Ingenieure. Mit 166 Textfiguren. In Leinwand gebunden Preis M. 8,—.

Die Berechnung elektrischer Anlagen auf wirtschaftlichen Grundlagen. Von Dr.-Ing. **F. W. Meyer**. Mit 49 Textfiguren. Preis M. 7,–; in Leinwand gebunden M. 8,—.

Zu beziehen durch jede Buchhandlung.

Verlag von Julius Springer in Berlin.

Das elektrische Kabel. Eine Darstellung der Grundlagen für Fabrikation, Verlegung und Betrieb. Von Dr. phil. **C. Baur**, Ingenieur. *Zweite*, umgearbeitete Auflage. Mit 91 Textfiguren.
In Leinwand gebunden Preis M. 12,—.

Theorie und Berechnung elektrischer Leitungen. Von Dr.-Ing. **H. Gallusser**, Ingenieur bei Brown, Boveri & Co., Baden (Schweiz), und Dipl.-Ing. **M. Hausmann**, Ingenieur bei der Allgemeinen Elektrizitäts-Gesellschaft, Berlin. Mit 145 Textfiguren.
In Leinwand gebunden Preis M. 5,—.

Stromverteilung, Zählertarife und Zählerkontrolle bei städtischen Elektrizitätswerken und Überlandzentralen. Auf Grund praktischer Erfahrungen bearbeitet von **Carl Schmidt**, Ingenieur in St. Petersburg. Mit 4 Textfiguren und 10 Kurventafeln. Preis M. 2,60.

Bau großer Elektrizitätswerke. Von Professor Dr. **G. Klingenberg**.
I. Band. Richtlinien, Wirtschaftlichkeitsrechnungen und Anwendungsbeispiele. Mit 180 Textabbildungen und 7 Tafeln. In Leinwand gebunden Preis M. 12,—.
II. Band. Verteilung elektrischer Arbeit über große Gebiete. Mit 205 Textabbildungen.
In Leinwand gebunden Preis M. 9,—.

Elektrische Energieversorgung ländlicher Bezirke. Bedingungen und gegenwärtiger Stand der Elektrizitätsversorgung von Landwirtschaft, Landindustrie und ländlichem Kleingewerbe. Von **Walter Reißer**, Diplom-Ingenieur in Stuttgart. Preis M. 2,80.

Berechnung und Ausführung der Hochspannungs-Fernleitungen. Von **C. F. Holmboe**, Elektroingenieur. Mit 61 Textfiguren. Preis M. 3,—.

Die Fernleitung von Wechselströmen. Von Dr. **G. Roeßler**, Professor an der Königl. Technischen Hochschule zu Danzig. Mit 60 Textfiguren.
In Leinwand gebunden Preis M. 7,—.

Beanspruchung und Durchhang von Freileitungen. Unterlagen für Projektierung und Montage. Von **Robert Weil**, Dipl.-Ing. Mit 42 Textfiguren und 3 lithographierten Tafeln. Preis M. 4,—.

Kurzes Lehrbuch der Elektrotechnik. Von Dr. **A. Thomälen**, Elektroingenieur. *Sechste*, verbesserte Auflage. Mit 427 Textfiguren.
In Leinwand gebunden Preis M. 12,—.

Die wissenschaftlichen Grundlagen der Elektrotechnik. Von Dr. **G. Benischke**. *Dritte*, teilweise umgearbeitete und vermehrte Auflage. Mit 551 Textfiguren. In Leinwand gebunden Preis M. 15,—.

Kurzer Leitfaden der Elektrotechnik, für Unter- Mit 178 Textfiguren. In Leinwand gebunden Preis M. 5,—.

Zu beziehen durch jede Buchhandlung.

MIX
Papier aus verantwortungsvollen Quellen
Paper from responsible sources
FSC® C105338

If you have any concerns about our products,
you can contact us on
ProductSafety@springernature.com

In case Publisher is established outside the EU,
the EU authorized representative is:
**Springer Nature Customer Service Center GmbH
Europaplatz 3, 69115 Heidelberg, Germany**

Printed by Libri Plureos GmbH
in Hamburg, Germany